세상에서 가장 놀라운
꿀잼 과학 이야기

1분 과학

1분 과학

1 Minute Science

세상에서 가장 놀라운
꿀잼 과학 이야기

이재범 지음 | 최준석 그림

위즈덤하우스

차례

서문 ··· 6

01 우유 : 건강에 좋다는 음식, 진짜 좋을까? ··· 9

02 운동 : 이제는 뇌를 위해 운동할 시간 ··· 29

03 게이 : 인류에게 동성애자가 필요했던 이유 ··· 47

04 야옹 : 고양이가 인간에게 말을 걸 때 ··· 65

05 커피 : 피로를 풀어주는 20분의 과학 ··· 77

06 SNS : 우리의 뇌에는 약간 위험한 스마트폰 생활 ··· 93

07 눈 : 사람의 눈에 숨겨진 놀라운 진화의 역사 ··· 115

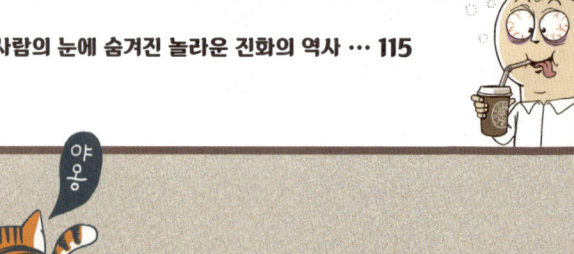

08 지구 : 창백한 푸른 점이 들려준 이야기 … 135

09 먼지 : 공기 속에 퍼지는 인류 멸망의 전조 … 159

10 유전자 : 여자는 왜 남자보다 오래 살까? … 175

11 텔로미어 : 바닷가재가 알려준 장수의 비밀 … 223

12 스트레스 : 스트레스는 나쁘기만 한 것일까? … 241

13 시간 : 시간이 흐른다는 환상에 대하여 … 269

14 신 : 신이 지금의 인간을 만든 과정 … 307

참고 문헌 … 333

> 서문

세상에서 가장 재미있는 현실, 과학

2016년에 '1분과학' 채널을 개설해 과학 이야기를 시작했는데, 어느새 그 이야기가 웹툰으로 그려지고, 이렇게 책으로도 나오게 되었습니다. 제가 '1분과학'을 만든 건 과학자들, 전공자들만 알고 있기에는 과학적 지식이 너무나 중요하게 느껴졌기 때문입니다. 과학이 주는 놀라움을 처음 느꼈을 때는 사실 조금 충격적이기까지 했습니다. '이렇게 중요한 걸 왜 아무도 얘기하지 않지?'라고 생각했죠. 과학은 인위적으로 만들어진 사회라는 어두운 동굴 속에서 유일하게 진실을 비춰주는 불빛 같았습니다.

그런데 마땅히 그걸 알릴 방법이 없었습니다. 친구들과의 술자리에서 "야, 너 유전자가 말이야…"라고 한다거나, 안방에 계신 어머니께 "엄마, 호모사피엔스가…"라고 해본들 듣지 않을 테니까요. 실제로 한 번 친구들에게 시도해보았는데, 제가 과학 이야기를 시작하자 다들 눈에서 생명의 빛이 사라지는 것 같더군요. 그래서 포기했습니다. 그리고 그 이야기를 영상으로 만들어 전달하기 시작했습니다. 채널 이름을 '1분과학'이라고 한 것은 과학 이야기가 지루해지지 않도록 2분이 넘지 않는 짧은 영상을 만들어야겠다고 생각해서였습니다. 배경음악을 넣고 랩 하듯 빠르게 말하는 게 콘셉트였는데, 하다 보니 요즘은 보통 10분을 넘기게 되고 말았습니다. 그래서 구독자분들은 이 '1분과학'의 1분이 나의 1분과는 길이가 다르다는 댓글을 자주 달아주시곤 합니다. 네. 어차피 시간은 환상이고 상대적인 것이니까요.

 시간의 상대성을 저는 영상 만들 때 절실히 느낍니다. 스토리를 만드는 과정은 대략 2주 정도 걸리고, 녹음과 편집은 하루 종일 몰두하면 평균 이틀 정도 걸리는 것 같습니다. 바로 이때 상대성이론(?)이 적용되는데요. 스토리를 쓸 때 소요된 2주는 2시간처럼 느껴지는 반면, 편집할 때 소요된 이틀은 2억 시간처럼 느껴집니다. 블랙홀에 빠진 것처럼 말입니다. 블랙홀에 빠지면 과거의 웃지 못할 일들도 하나둘 떠오릅니다. 처음에는 제 방 옷장 앞에서 녹음을 했습니다. 두꺼운 옷들이 소리를 잘 흡수해주거든요. 그런데 어느 날 제가 즐겨 다루는 테마, 과학과 성에 대한 이야기를 하며 "정자! 귀두! 콘돔!"을 한참 옷장에 외치고 나서 조금 쉬려고 돌아보니, 제 방문이 활짝 열려 있었습니다. 활짝. 그리고 거실엔 가족이 모두 모여 있었습니다. 그때의 수치심은 이루 말할 수 없습니다. 어머니가 이렇게 생각하시지 않았을까요? "아이고… 아들을 미국으로 유학까지 보내놨는데 애가 왜 저렇게 되었을까?" 그래서 요즘은 베란다에서 문을 꼭 닫고 녹음하지만, 거기도 문제가 있었습니다. 인기가 꽤 좋았던 영상인 〈시간이라는 환상〉은 영상 전반에 걸쳐 '치이익~' 하는 소리가 깔려 있습니다. 배경음악으로 생각하시는 분도 있는데, 빗소리입니다. 장마철이라 베란다에서 들리는 빗소리가 고스란히 12분을 채웠습니다. 이렇게 좌충우돌하는 것이 우스워 보이는 분도 있겠지만, 저는 만족스럽습니다. 멋진 장소와 비싼 장비 없이도 제가 하고 싶은 과학 이야기를 마음껏 전할 수 있게 되었으니까요. 그게 바로 '성공' 아닌가 자기 위로해봅니다. 그러고 보면 성공도 상대적인 것이죠?

 미국의 작가 폴 호켄은 이런 말을 했습니다. "하늘에 별이 천 년에 한 번 나타났다면, 세상 사람들은 별이 나타나는 날 모두 모여 하늘을 바라보며 황홀경에 빠졌을 것이다. 하지만 별은 매일 밤하늘에 떠 있고, 사람들은 TV를 본다." 아무리 신비롭고 중요한 것이라도, 그것이 너무 흔하면 그 중요성을 알아보기가 쉽지 않습니다. 제가 과학 이야기를 할 때 주변 사람들을 보면, 제가 하는 과학 이야기보다 과학에 빠진 저를 신기하게 바라봅니다. 과학이 왜 중요하고 재미있는지 공감하지 못합니다. 그리고 그들은 자주 '현실 때문에 그런 것에 관심을 가질 수 없다'고 말합니다.

그런데 정말 '현실'은 뭔가요? 돈? 좋은 직장? 이런 현실은 세세히 따져보면 다 머릿속에 가상으로만 존재한다는 걸 깨닫곤 합니다. 그리고 그 현실은 시대가 변하고 환경이 변하면 따라서 변해버립니다. 20만 년 전 지구상에 출현한 호모사피엔스에게 돈이라는 녹색 종이나 콘크리트 빌딩은 존재하지 않았습니다. 앞으로 20만 년 뒤엔, 또 어떤 것이 '현실'이라고 불릴지 모릅니다. 하지만 20만 년 후나 20억 년 뒤에도, 중력은 변함없이 계속 존재할 것입니다. 시도 때도 없이 변하는 것을 현실이라고 말하는 것보다, 변하지 않는 것을 현실이라고 말하는 것이 저에게는 더 적절해 보입니다.

그래서 저는 과학이라는 현실을 배웁니다. 그리고 이 현실을 진정으로 배운다면, 사람들은 세상을 다르게 볼 것이라고 믿습니다. 지구의 모든 사람들이 하늘을 바라보며 황홀경에 빠지는 모습을 고대해봅니다.

다행히 유튜브에서 많은 분들이 제가 알리고 싶었던 과학의 황홀경에 함께 빠져주셨기에 이 책이 나오게 되었습니다. 저의 영상을 만화로 풀어내주신 최준석 작가님과, 이 책을 내기 위해 게으른 저를 일으켜주시고 끌고 밀고 타이르며 마음고생하신 출판사 관계자분들께 감사하다는 말씀을 전하고 싶습니다.

이 책을 통해서도 세상에서 가장 재미있는 현실, 과학에 흥미를 느끼는 분들이 있기를 바랍니다.

2020년 8월
1분과학 '홍익인간' 이재범 드림

우유
: 건강에 좋다는 음식, 진짜 좋을까?

우유, 정말 건강에 좋을까?

TV를 보면 우유는 거의 기적의 음료처럼 느껴진다.

……라는 수많은 광고들은

우유에 '하얀 보약'이라는
수식어까지 붙여줬다.

> 과연 이것들은
> 과학적으로 증명된 사실일까?

아니면 조그맣던 송아지가
1년 만에 거대한 소로 성장하는 모습을 보며 단순하게

…라고 생각한 것일까?

우유 회사들이 우유를
'완전 식품'이라고 광고하는 것은

우유에 담긴 영양소의 가짓수가 엄청나게 많기 때문이다.

단백질, 지방, 무기질, 탄수화물, 비타민, 미네랄…

하지만 우리에게 정말 중요한 것은
이 엄청난 영양소와 호르몬이
몸속으로 들어왔을 때

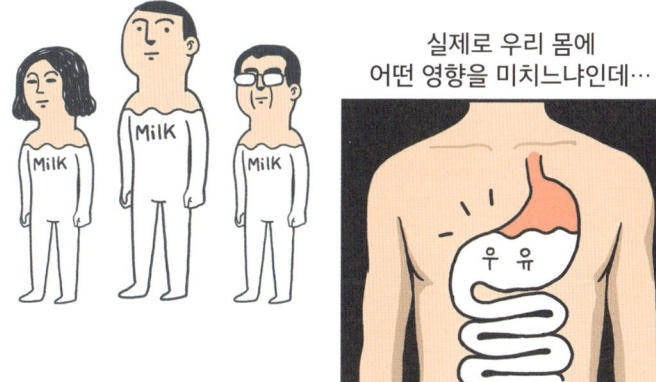

그 결과가 충격적이다.

그 옛날 소젖을 먹어본 인간이 있었을 것이다.

하지만 성인이 된 인간에게 동물의 젖은
유해한 독소와 같았을 것이라고 한다.

어린아이와 달리 성인에게는

그런데 농업혁명과 함께 정착 생활을 시작하면서
인류는 가축을 길렀고

발효 과정을 거쳐 젖당을 성공적으로 줄인
치즈와 요구르트를 만들어 먹기 시작했다.

그 후로도 수천 년 동안 그들은
치즈와 요구르트만을 섭취했는데

약 7500년 전부터 어른이 되어도
소젖을 소화할 수 있는 기괴한 인간들이 나타난다.

먹을 것이 부족한
추운 환경의 북유럽 지역에서

소젖을 소화할 수 있는 능력은
진화상 큰 이득이었을 테고

그렇게 돌연변이 유전자는
유럽에서부터 전세계로 퍼져나가기 시작한다.

현재 유럽에서는 인구의 80퍼센트 정도가
변형된 유전자를 가지고 있는 반면,
아시아와 아프리카에서는 겨우 20퍼센트만
이 유전자를 가지고 있다.

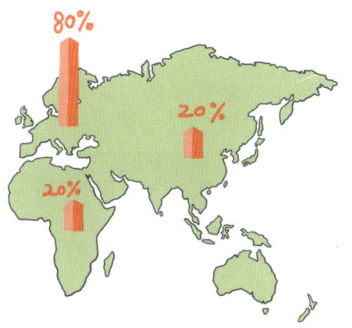

그렇다면 먹을 것이 풍부해진 지금,
우유는 현대인에게 어떤 영향을 미칠까?

스웨덴의 웁살라대학에서
10만여 명의 남녀를 대상으로 조사를 했다.

우유 소비량에 따른 그들의 건강 상태를
20년간 관찰했는데

20년 후…

우유 섭취량이 하루 평균
한 잔 늘어날 때마다,

2017년 중국 광동의과대학의 연구에 따르면

우유의 문제는
이게 끝이 아니다.

우리가 당연한 진실로 받아들였던 이 말에도 문제가 있다.

2014년 스웨덴 웁살라대학의 연구에 따르면

우유를 많이 마신 사람들의 골절 발생률이 그렇지 않은 사람보다 적기는커녕 '더 높게' 나왔다.

전 세계적으로 우유 소비량이 많을수록 골절 환자의 수도 많았다.

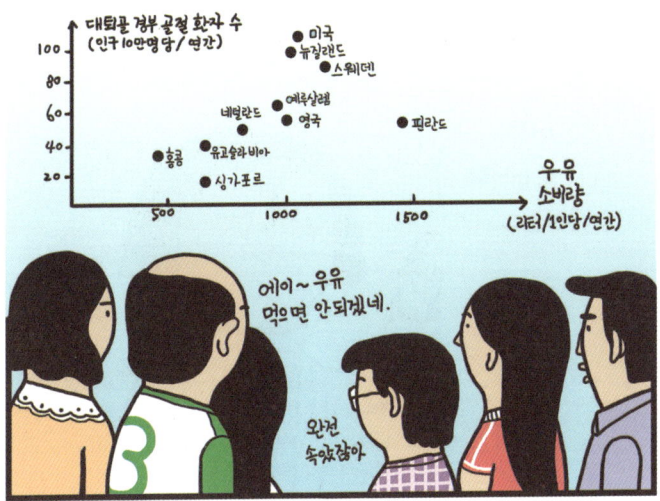

이런 의문이 생길 것이다.

여느 동물성 단백질과 마찬가지로 우유는 인체에 들어오면 체내 산도를 높이죠. 따라서 우리가 우유를 꾸준히 마셔 체내 산도를 높게 유지하면

인체는 산도를 낮추기 위해 산도 중화에 아주 효과적인 칼슘을 사용하게 되는데, 인체에서 칼슘을 끌어 쓸 수 있는 장소가 바로 '뼈'입니다.

뼈 속 칼슘은 우유의 산성을 중화시키는 데 사용되며, 우유를 계속 마시면 뼈 속 칼슘이 부족해지는 아이러니한 현상이 일어나죠.

그게 뭔 소리야~

우유를 많이 마실수록 뼈가 튼튼해지는 건 아니라는 것이다!

그러나 다행히도 발효 과정을 거쳐 만든
치즈나 요구르트를 먹으면 이런 문제가 생기지 않는다.

치즈나 요구르트를 자주 먹는 사람의
사망률과 골절률은 그렇지 않은 사람보다 오히려 낮다.

이 밖에도 다 큰 어른이 아기 소를 위한
IGF-1과 같은 우유 속 성장 호르몬을 섭취하면
오히려 체내에 암세포가 자라기 좋은 환경을 만들 수 있다.

그리고 이것을 증명이라도 하듯

이외에도 우유는 변비, 위산 역류, 복부 팽만, 가스 발생을 유도하고 여드름, 축농증, 천식, 관절 통증과도 임상적으로 연관되어 있지만

아직 우유가 어떻다고 단정 짓기에는 연구 자료가 충분하지 않다.

하지만 미국의 저널리스트 마이클 폴란은

…라고 말했으며,

한때 담배는 건강에 좋은 제품으로 광고되었다.

수십 년 후, 담배로 인한 사망자가 늘어날 때까지

담배가 건강에 해롭다는 사실을 알지 못했다.

우유를 담배와 비교하기 아직은 적절하지 않을 수 있겠지만

확실한 결과가 나올 때까지

라떼보다는 아메리카노를 선택하는 것이 나을지도 모르겠다.

운동
: 이제는 뇌를 위해 운동할 시간

현대인이라면 누구나 운동의 필요성을 느낀다.

많은 사람들이 운동을 하며 기대하는 것이 있다.

다름 아닌 다이어트!

그런데 안타깝게도 사실 운동은
다이어트에 거의 도움이 되지 않는다.

물론 운동은 근육량을 증가시키고
인슐린에 대한 민감도를 개선시켜,
건강한 신체를 유지한다.

하지만 식습관의 변화 없이
운동만 한 사람들은

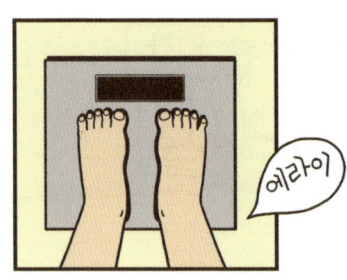

줄어들지 않는
몸무게에
자주 실망했을 것이다.

그렇다면 운동을 해봤자 소용없을까?
하지 않아도 되는 것일까?

최근에 많은 신경학자들은
운동에 대한 중요성을 논할 때,

라고 말한다.

분명 다이어트나 성인병 예방 이외에도
운동을 꼭 해야만 하는 이유가 있다.

우리는 이에 대한 답을
운동과 뇌의 관계에서 찾을 수 있다.

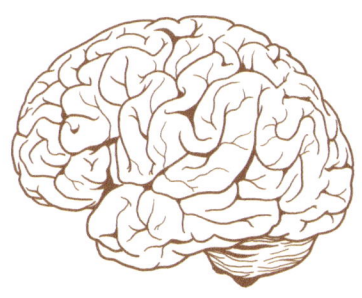

이게 무슨 말인가?
멍게의 예를 보자.

무척추 동물인 멍게는

유생일 때는 바닷속을 헤엄쳐 다니다가

어느 정도 자라면 바위에 달라붙는데

더 이상 움직일 필요가 없어지면

세상 편하다.

멍게는 기이한 짓을 한다.

요즘 영양이 부족한 거 같아.

영양 보충을 위해 자신의 뇌와 신경계를 먹어버리는 것이다.

무뇌충?

움직임이 필요 없어지는 순간
멍게에게 뇌는 사치품으로 전락해버리는 것이다.

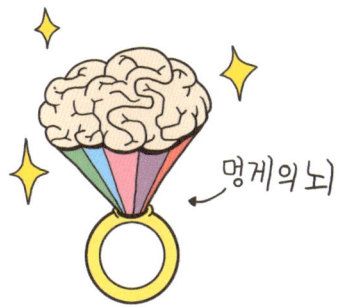

← 멍게의 뇌

포유류인 코알라의 뇌 크기는
두개골 내부의 60퍼센트만 차지할 뿐이다.

40%가 뇌척수액으로 가득 차 있음

이는 코알라의
조상들이 지금보다
더 큰 뇌를 가지고
있었음을
의미하죠.

점점 몸을
움직이지 않고
유칼립투스
나뭇잎이나
뜯어 먹게 적응한
코알라는

에너지만
잡아먹는 큰
뇌는 필요
없어.

뇌의 크기를
줄이는 방향으로
진화한 것이다.

수렵시대, 움직인다는 것은
곧 생존이었다.

정글의 법칙

먹을 것을 찾기 위해 여기저기 휘젓고 다니고

딸기가 나는 곳을
기억해뒀다가
다시 찾아오기도 하고

사자가 자주 출몰하는 지역은
우회해서 이동해야 했다.

사냥감의 이동 속도와 방향을 예상하며 움직이고

음... 이건 들소의 배설물.

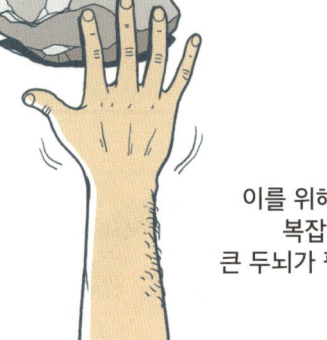

도구를 잡기 위해 손가락 끝의 신경까지 활용해 움직여야 했다.

이를 위해 우리는 복잡하고 큰 두뇌가 필요했으며

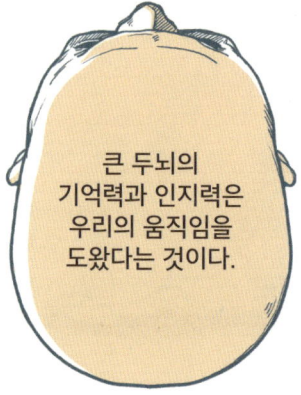

큰 두뇌의 기억력과 인지력은 우리의 움직임을 도왔다는 것이다.

이 예시들은 굉장히 단순화한 예시들이지만
벌써 많은 전문 분야에서 인간을 이기기 시작한
최신형 로봇들도

움직일 때만큼은 다섯 살 어린아이보다도 못한 모습을 보면

인간이 움직이기 위해 왜 복잡한 뇌의 기능이
필요한지 짐작할 수 있다.

운동할 때 뇌에서 분비되는 다양한 물질들도

후손들까지 갈 필요도 없이

현재 우리 뇌의 상황이
그다지 좋지 않다.

최근 발표에 따르면 우리나라 치매 인구 증가율은 11.7퍼센트로
세계에서 가장 빠른 증가율을 보이고 있고

뇌 크기가 2만 년 전보다
테니스공만큼 작아졌다고 한다.

살 빼려고 운동한다기보다
뇌를 위해 운동해야 하는 시대다.

우리는 운동을 너무 과소평가하고 있다.

게이
: 인류에게 동성애자가 필요했던 이유

어느 날 내 가족이 이렇게 말할 수도 있다.

동성을 사랑한다는 것은 틀린 것일까? 다른 것일까?

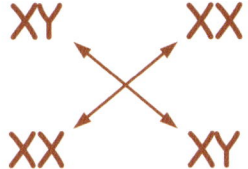

이 문제에 대해선 오랫동안 수많은 논쟁이 있었다.

동성끼리는 번식을 할 수 없기 때문에

자녀 생산을 하지 못하는 동성애 유전자는
오래전에 사라졌어야 했는데…

어떻게 지속적으로 인구 중에 높은 비율로
동성애자가 나타나는 것일까?

생물학자 에드워드 윌슨은

…라고 말한다.

2012년
프라하 카렐대학과
브라질 상파울루대학의
공동 연구에 따르면

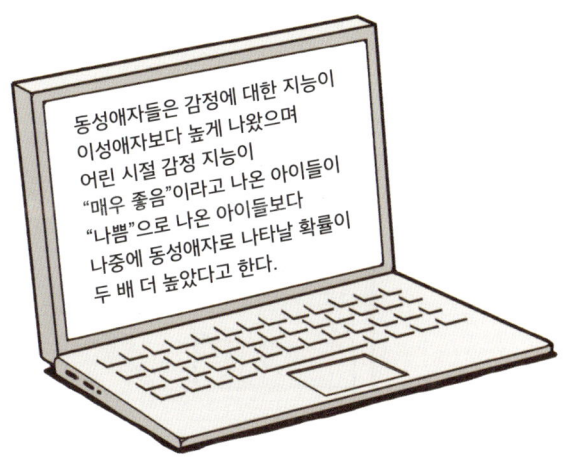

그렇다면!

동성애 유전자는 전체의 생존을 위해
자기 자신의 유전적 생존은 포기하는 걸까?

2009년 이탈리아 파도바대학의 연구에 따르면

예를 들어

당신이 게이라고 가정해보자.

부모님과는 50퍼센트의 유전자를 공유하고

부모님의 형제 자매와 25퍼센트의 유전자를 공유한다.

당신=게이

그리고 그들의 자녀인 사촌들과는 12.5퍼센트의 유전자를 공유하는데

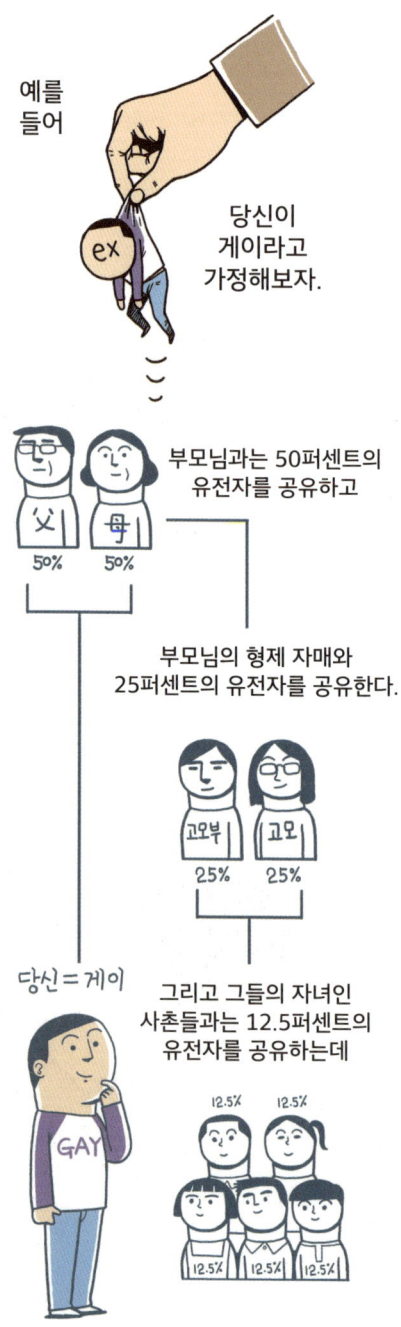

이때 당신의 이모나 고모, 그리고 사촌들이
자녀를 더 많이 생산한다면?

당신은 직접 출산을 하지는 않았지만
경우에 따라 100퍼센트 이상의 유전자를 남길 수도 있다.

이런 계산이 너무 기계적이라고
생각하는가?

꿀벌의 삶을 살펴보자.

일벌은 침입자가 나타나면

주저하지 않고 독침을 쏴 침입자를 제압한다.

일벌의 독침은 1회용으로,
사용하고 나면 자신도 죽게 되는데

전사자들을 위해~

이런 자살행위가 가능한 이유는
인간과 다른 특이한 유전 체계 덕분이다.

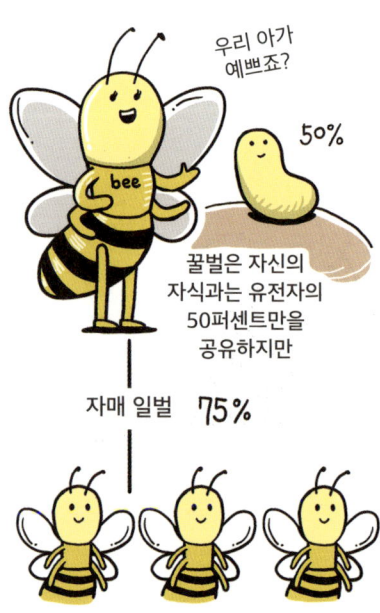

꿀벌은 자신의 자식과는 유전자의 50퍼센트만을 공유하지만

수많은 자매 일벌들과는 유전자를 75퍼센트나 공유한다.

따라서 번식을 포기하더라도

침입자와 자폭하여

자매 일벌들을 살리는 것이 유전적으로 더 유리한 셈이다.

이들에게는 공동체 전체의 존속이
나의 유전자 지키기와 같다는 것이다.

이러한 유전자 지키기는
그 개체의 생존 방식에 따라
다양한 형태로 나타난다.

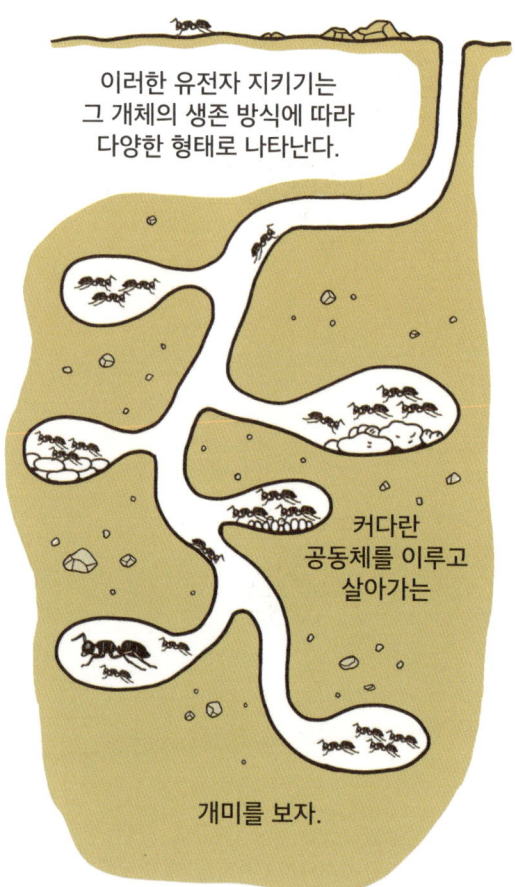

커다란
공동체를 이루고
살아가는

개미를 보자.

이 두 개미는 일란성 쌍둥이다.
그러므로 유전자는 같다.

하지만 역할은 다르다. 하나는 먹이를 찾는 일개미, 하나는 집을 지키는 전투개미다. 유전자를 공유하는 공동체가 효율적으로 운영되도록 역할을 나눈 것이다.

그럼 인간이라는 공동체는 어떨까?

우리 인간의 약 5~10퍼센트는 동성애자라고 한다.

개미와 꿀벌의 경우를 보고
이런 가설을 세워볼 수 있다.
25명이 함께 사는
인간 공동체가
효율적으로 운영되려면

25명 전부
이성애자인 것보다
2명 정도는
동성애자인 편이 좋다는
가설 말이다.

이들은 직접적인 자녀 생산은 하지 않지만
간접적으로 공동체에 도움이 되는 역할을 할 수 있었다.

그래서 그들은 인류라는 공동체 속에
항상 일정 비율로 존속해온 것일지도 모른다.

기원을 잊고 살아가는 인류에게
점점 밝혀지는 이런 생물학적 사실들은
다양성을 존중할 수 있게 해주고
인류에게 밝은 미래를 가져다주는
연결 고리가 될 수 있지 않을까?

야옹
: 고양이가 인간에게 말을 걸 때

귀여운 고양이가 나를 부른다.

우리가 흔히 생각하는 고양이의 울음소리는

뭐니뭐니해도 이것.

고양이는 왜 야옹~ 하고 울까?

사실 고양이는 아주 다양한 울음소리를 가지고 있다.

등등등

고양이가 내는 소리는 이토록 다양한데

우리는 고양이의 울음소리를 떠올릴 때 보통

한국어로는 '야옹' 영어로는 'meow'라는
고양이의 이 특정한 소리를 떠올린다.

사실 이 울음소리를 야생의 고양이들은 거의 사용하지 않으며

집고양이조차

자기들끼리 대화할 때는 사용하지 않는다.

'야옹'은 고양이들이

오직 인간과 함께 있을 때만 내는 소리다.

생물학자 존 브래드쇼는

라고 말했다.

태어난 지 얼마 되지 않은
새끼 고양이는

이 소리로 어미 고양이의 주의를 끈다.

어미 고양이는 이 소리에 즉각 반응하며 새끼를 보살핀다.

그러다가 새끼 고양이가 점점 커가면…

어미 고양이는

자식의 울음소리에
둔감해지기 시작하고

새끼 고양이도

서서히 어미를 향해 내는
이 울음소리를 멈춘다.

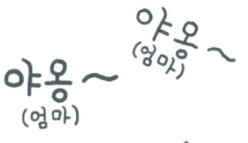

"야옹~" 하는 울음소리는
고양이가 어린 시절
어미를 부를 때만

효과적인
울음소리였던 것이다.

그런데 인간이
집에서 고양이를 기르기 시작하면서

다 성장한 고양이에게도 먹이를 주고 보살펴주는

'어미 인간'이 생겼고,

그들은 우리를 어미와 같은 존재로 생각하며

하고 우는 것이다.

결국 이 울음소리는
고양이들이 평소에 내는 소리라기보다

어미 인간의 관심을 끌기 위해 내는

특별한 울음소리인 것이다.

그런데 왜 수많은 고양이들은
나만 보면 캬~ 할까?

커피
: 피로를 풀어주는 20분의 과학

오늘도 오전 동안 열심히 일한 당신.

점심 식사 후…

한숨 길게 자고 싶다.

하지만 직장인이 졸립다고 마음대로 잠을 잤다가는…

끔찍한 일이 일어난다!

커피 한 잔.

커피와 각성.
그것은 아데노신이라는 화학물질과 연관이 있다.

이 물질이 우리 몸을 피곤하게 만들기 때문이다.

아데노신은 활동을 많이 해 피로가 쌓이면 뇌에서 생성되며

아데노신이 아데노신 수용체와 결합하면
우리 몸은 피곤함을 느낀다.

그런데 커피 속에 들어 있는 카페인이
바로 이 아데노신과 비슷하게 생겼다.

우리가 커피를 마시면 체내로 들어온 카페인은
아데노신이 들어가야 할 아데노신 수용체에 대신 들어가

정확히 결합해버린다.

피곤하게 하는 아데노신 대신 카페인이 들어오니

신체는 피로를 느끼지 못하는 것이다.

그러나 커피를 자주 마시게 되면 뜻밖의 현상이 생긴다.

카페인이 아데노신 수용체에 결합해버리니
정작 아데노신은 갈 곳이 없어진다.

갈 곳이 없어진 아데노신을 수용하기 위해 인체는
더 많은 아데노신 수용체를 생성하고

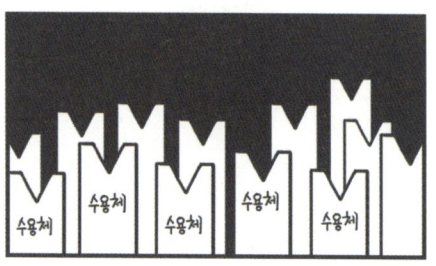

이렇게 늘어나버린
아데노신 수용체를 막기 위해

더 많은 카페인이 필요해진다.

카페인에 내성이 생긴 것이다.

그래서 과학자들이 강력 추천하는 것이 바로 '커피 냅'.

커피(coffee)와 낮잠(nap)의 합성어
Coffee+Nap.

우리말로 '커피'

'낮잠'이다.

커피를 마시고
20분에서 30분 정도
낮잠을 자라는 것이다.

이렇게 하면 늘어난
아데노신 수용체를

'커피 냅'으로 한 번 더
속일 수 있다는 것인데…
어떤 원리일까?

카페인이 인체에 들어오고 효과가 나타나기까지 걸리는 시간은?

커피를 마시고 낮잠을 자면
인체에는 이런 일이 일어난다.

낮잠을 자는 동안
인체는 자연스럽게
피로를 해소한다.

그러면서
아데노신 수치도
자연스럽게
떨어지는데,

그 틈을 타, 아까 투입된 카페인이 아데노신 수용체를 찾아간다.

짝을 잃은 아데노신 수용체를 찾아가
결합하는 카페인!

그래서 커피를 마시고 낮잠을 자면

강력한 카페인의 효과와 함께
다시 태어난 기분을 느낄 수 있는 것이다.

오늘은 커피 냅으로
오후를 활기차게
보내보면 어떨까.

만약 누워서 잘 상황이 안 된다면
책상에 엎드려 휴식을 취하는 방법도 효과가 좋다.

SNS
: 우리의 뇌에는 약간 위험한 스마트폰 생활

소셜 네트워킹 서비스(SNS)와 함께 하루를 보내는 우리들.

지구에 사는 사람들 중

화장실을 이용하는 사람은 45억 명인데 반해

모바일폰 이용자의 수는 60억 명이나 된다고 한다.

SNS는…
인류의
새로운 소통법이
되어버렸고,

SNS를 통해
우리는

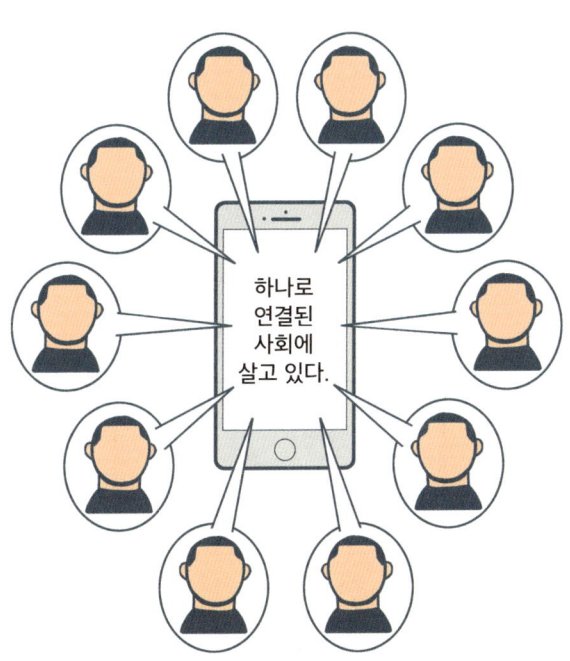

하나로
연결된
사회에
살고 있다.

화장실과 휴대폰,

이 두 물체 중 무엇이 더
인간의 본능에 가까워 보이는가?

우리가 매일같이 이용하는 SNS는…

불과 몇 년 전까지만 해도 존재하지 않았다.

1995년

페이스북은 2004년에

 트위터는 2006년

인스타그램은 2010년에 설립되었으며,
전 세계적으로 사용되기 시작한 건 정말 최근 일이다.

어떻게 이런 일이 일어날 수 있었을까?

SNS가 이렇게 짧은 기간

세계인들의 일상에
급속도로 퍼진 이유는

딱히 SNS 회사가
마케팅을 잘해서가
아니다.

그들의 성공 비결은 우리 뇌 안에 있다.

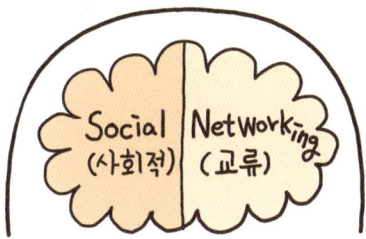

인간은 소셜(사회적) 네트워킹(교류)을 위한 뇌를 가지고 있다.

야생에서 무리지어 살아가는 동물들은

무리에서 소외되면 자신의 생명이 위험해진다는 것을

본능적으로 잘 알고 있다.

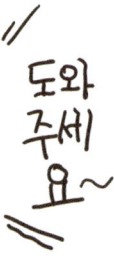

그러면 우리 호모사피엔스들은 어떠한가?

인간은 그저 사회성 하나로
생존해온 동물이다.

혼자서는 동물(?)을 사냥할 수도

포식자로부터 목숨을 지킬 수도 없다.

나약한 호모사피엔스는 커다란 무리를 지어 생존해왔다.

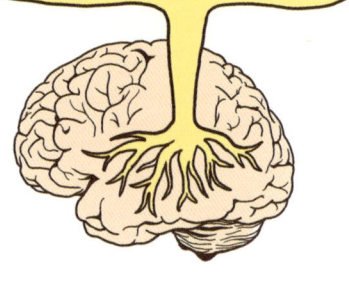

전세계 사피엔스들의 뇌는
순식간에 SNS를 껴안았다.

사피엔스들에게 SNS는 너무나 매력적인
생명의 끈이다.

그런데 문제는 여기서부터 발생한다.

SNS는 우리의 뇌에 어떤 영향을 미치고 있을까?

SNS는 사람들을 연결시키는 새로운 소통법이다.

그러나 이 새로운 소통 방식은 기존의 소통 방식에서 뭔가 중요한 요소들이 빠진 불완전한 소통 방식이다.

우리는 보통 '소통한다'라고 할 때

사람과 사람 사이에서 일어나는 수많은 정보 교환 중 언어 교환만을 생각하지만

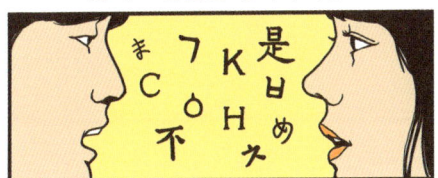

사실 진정한 의미의 소통은

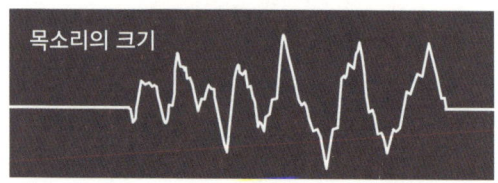

등등등 수많은 비언어적 정보 교환을 포함한다.

그런데 SNS는 이 중요한 정보들 중
오로지 언어만을 교환하는 소통법이다.

소통의 요소에서 '언어'는 좌뇌가 주로 담당하는 부분이고

SNS는 좌뇌의 소통법이다.

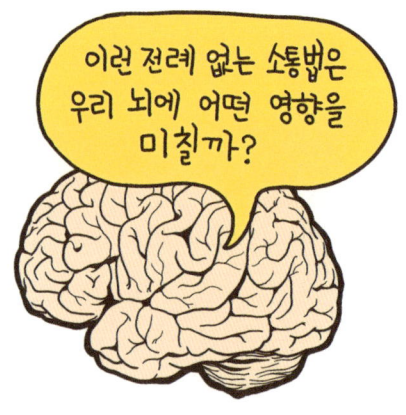

SNS가 인류의 소통법이 되기 시작한 지는
불과 몇 년밖에 되지 않았다.

그래서 아직 충분한 연구 결과가 존재하지는 않지만

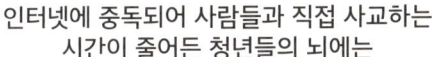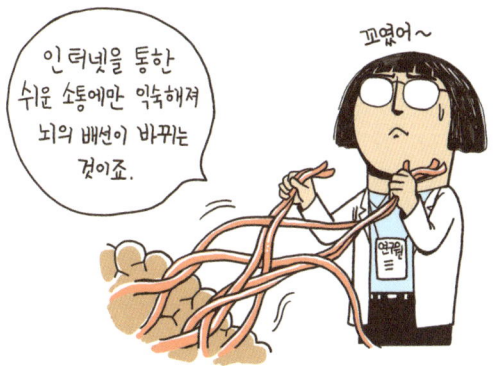

'유령 진동 증후군'이라고 들어보았는가?

유령 진동 증후군은 실제 스마트폰이 진동하지 않았는데도

우리의 뇌가 주머니 속 스마트폰의 진동이 울린다고 착각하며

사실은 존재하지 않는 진동에 반응하는 것을 말한다.

처음에는 이 증후군이 스마트폰에 중독된 사람들의
병적인 증상이라 일컬어졌지만

현재 이 증상을 느끼는 사람은
스마트폰 이용자의 90퍼센트에 달한다.

정신의학 박사 대니얼 시겔은

라고 말한다.

SNS는 기존의 소통법에 플러스 요인이 되어야지

기존의 소통을 대체하는 소통법이 되어서는 안 된다는 말이다.

여러분은 SNS를 어떻게 사용하고 있나요?

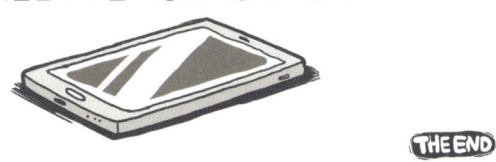

눈
: 사람의 눈에 숨겨진 놀라운 진화의 역사

진화론으로 세계 학문의 흐름을 바꿔 놓은
과학자 찰스 다윈은 《종의 기원》에서 이런 말을 했다.

그런 기관 중
우리의 눈은 정말로 놀라운 기관이다.

사람의 눈은 현대 과학이 지금까지 만들어낸 어떤 기구보다도 복잡하고 섬세해서 자연의 경이로움을 증명하는 기관이다.

하지만 너무 정교하기 때문에
눈먼 자연이 만들어 낼 수 있는 기관이 아니라고도 한다.

암흑 속에서 허우적대던 생명체가 어떻게 갑자기 세상을 보는 눈을 갖게 되었을까?

41억 년 전 최초로 지구에 나타난 생명체에겐 눈이라는 시각 기관은 없었다.

지구상에 사는 모든 생명은 장님이었으며 목적 없이 떠다니는 미생물이었다.

그러나 그들에게도 꼭 필요한 에너지가 있었는데…

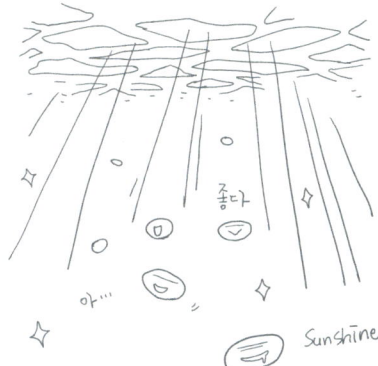

그것은 태양에서 나오는 에너지, 햇빛이다.

적당히 빛이 쪼이는 곳에 자리잡은 박테리아는 번식했지만
빛이 적당하지 않은 위치에 있던 박테리아는
번식을 하지 못하고 죽어나갔다.

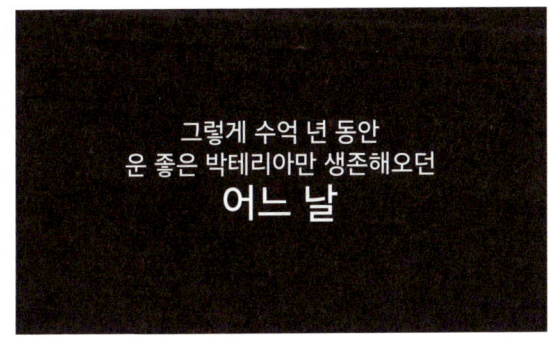

한 박테리아의 번식 과정에서
DNA 복제 오류가 발생한다.

이런 오류는 생명체의 번식 과정에서
꽤 빈번하게 일어나는 실수지만

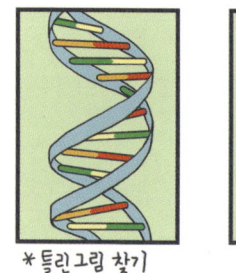 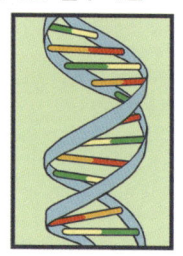

*틀린그림 찾기

이 박테리아의 DNA 복제 오류는
특히 주목할 만한 유전자 변형을 가져왔다.

바로 자연에서 돌연변이가 탄생하는 과정이다.

자연에서 일어나는 DNA 복제 과정은 완벽하지 않으며
지금도 우리 몸속 세포에서는 온갖 복제 실수가 일어나고 있다.

대부분의 돌연변이는
생존과 번식에 이점이 있는 돌연변이가 아니므로
유전자를 후대에 전달하지 못하고 사라져버린다.

그러나 햇빛을 감지하게 된 이 돌연변이 박테리아는

밤이 되면…

좀 더 밝은 곳으로

빛을 찾았고

낮에는

자외선은 피부에 안좋아

빛이 적당한 곳으로 피했다.

이렇게 큰 이점을 가진 돌연변이 박테리아의 개체 수는 급속도로 증가했고

운으로만 생존해오던 박테리아 개체 수는 서서히 줄어들며

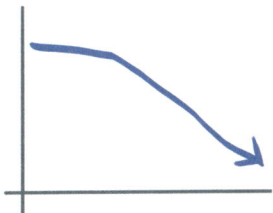

자연스럽게 세대교체가 일어났다.

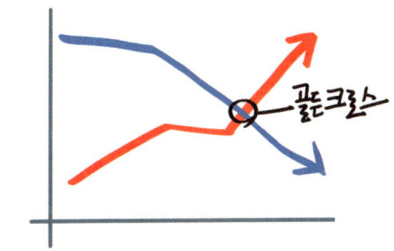

박테리아가 진화한 것이다.

자연에서 돌연변이가
일어나는 과정은
랜덤이지만

그 돌연변이가
기존의 생명체를 대체하는 과정은
랜덤이 아니다.

자연에서는 강한 유전자가 살아남는 것이
아니라 살아남은 유전자가 강한 것이다.

시간이 흘러 단순하게 햇빛을 감지하던 부위는
어느 순간 오목하게 파인 모양으로 변화했는데

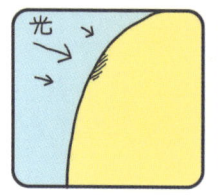 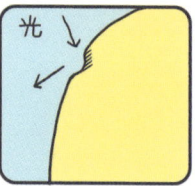

이것 또한 생존에 크게 유리한 변화였다.

빛을 감지해내는 부위가 평평했을 때는
단순히 빛의 존재를 느끼는 것에 불과했지만

오목하게 들어가자 처음으로
빛의 각도를 느끼기 시작한 것이다.

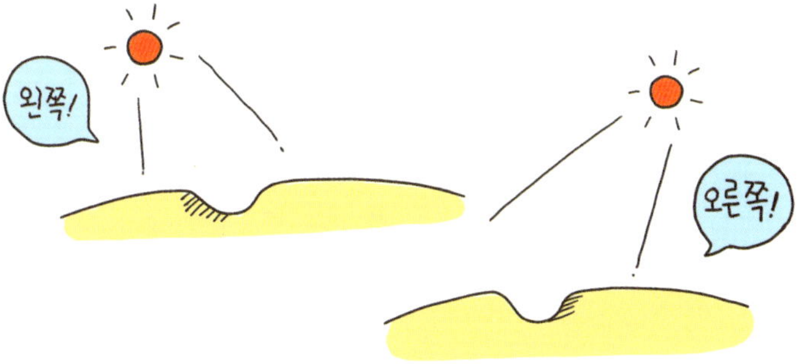

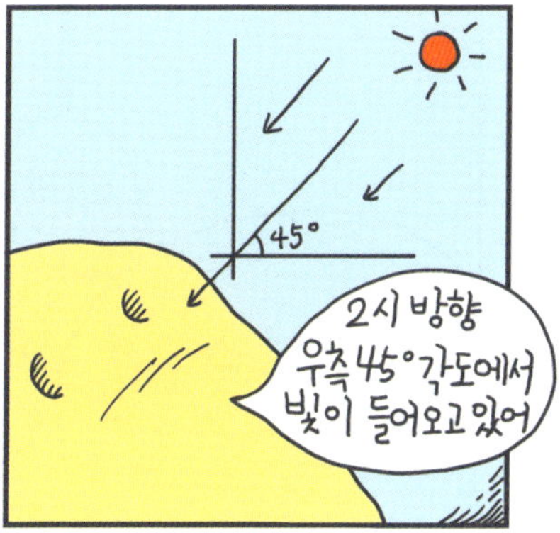

이런 변형이 나타나기 시작한 초기 생물로
플라나리아라는 편형동물이 있다.

※지금도 물가에서 볼 수 있는
플라나리아는 아주 오래된 생물로,
오목하게 들어간 부위로 빛의 방향을 인지해
사물의 형상을 어렴풋이 볼 수 있게 되어
무엇이 먹이이고 무엇이 천적인지 구분할 수 있다.

그러나 오목하게 들어가는 것만으로는
인간의 눈과 같이 사물을 뚜렷하게 보는
시각기관을 만들 수 없다.

사물에서 반사된 빛의 방향을 더 정확하고
또렷하게 보기 위해선 어떤 변화가 필요했을까?

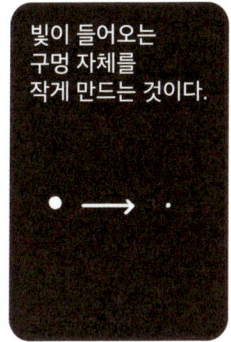

빛이 들어오는 공간을 대폭 축소시켰고

그러나 이 바늘구멍 눈에도 문제가 있었다.

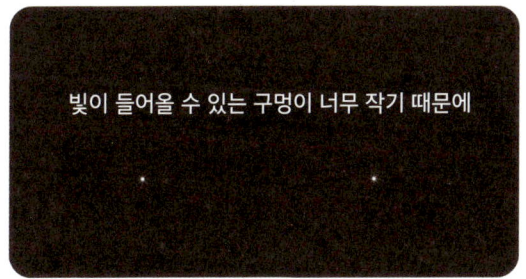

어두운 심해에서는 잘 보이지 않았다.

해양의 생물들의 눈은 각기 다른 환경에 맞추어
각기 다른 형태로 진화했다.

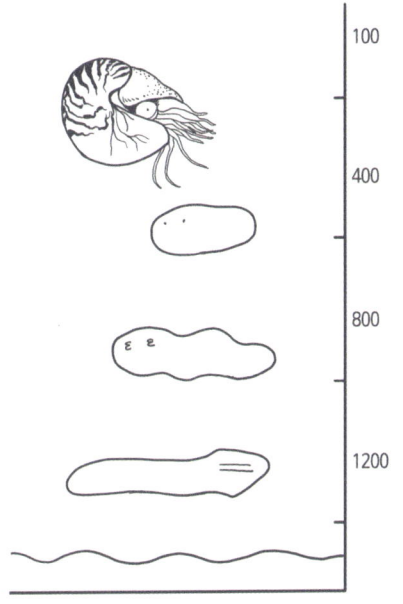

그러던 어느 날

오목한 눈과 바늘구멍 눈에서 단점은 버리고
장점은 살리는 혁명적 변화가 일어난다.

구멍 난 눈으로 세균이 침투해 염증이 나는 것을 막기 위해
구멍을 덮는 투명한 보호막이 생겼는데

오랜 기간 이 보호막의 모양이 변해가며
빛을 한 곳으로 모아주는 이른바 렌즈가 탄생한 것이다.

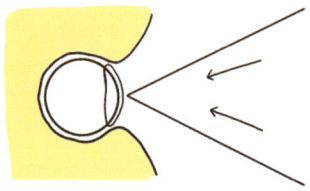

이것이 바로 미스터리했던
눈이 진화해온 역사다.

그런데 바닷속 생물들이 육지로 올라오기 시작하자
예상치 못한 큰 문제가 생겼다.

물속에서 잘 볼 수 있도록 진화한 눈이 물 밖으로 나오자 빛을 왜곡시킨 것이다.

물에 담긴 젓가락이 휘어 보이는 것처럼

빛은 물에서 공기, 공기에서 물, 이렇게 관통하는 매질이 달라질 때 굴절이 생긴다.

우리들의 눈은 처음 물속에서 만들어지기 시작했고
물기 가득한 눈으로 진화해왔다.

물속에서 잘 보기 위해선 빛이 이동할 때
매질의 변화가 생기지 않도록 눈도 눈물을 머금고 있어야 했던 것.

지상으로 올라온 생물들은

수십억 년에 걸쳐 시각 기관을 재정비해왔고

아직도 물기가 가득하다.

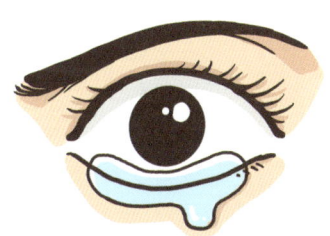

눈물은 우리가 아직도 진화 중이라는
증거일지도 모른다.

08

지구
: 창백한 푸른 점이 들려준 이야기

이후 1945년부터 이어진 길고 긴 냉전 속에서

미국과 소련은 서로에게 힘을 과시하기 위해
전례 없는 커다란 계획을 세운다.

바로 우주 산업이다.

어마어마한 자본을 투입해 우주 산업에 뛰어든
두 나라는 급속도로 우주 기술을 개발해나갔고

소련의 우주 비행사 유리 가가린이

전 세계 최초로 우주선에 몸을 싣는다.

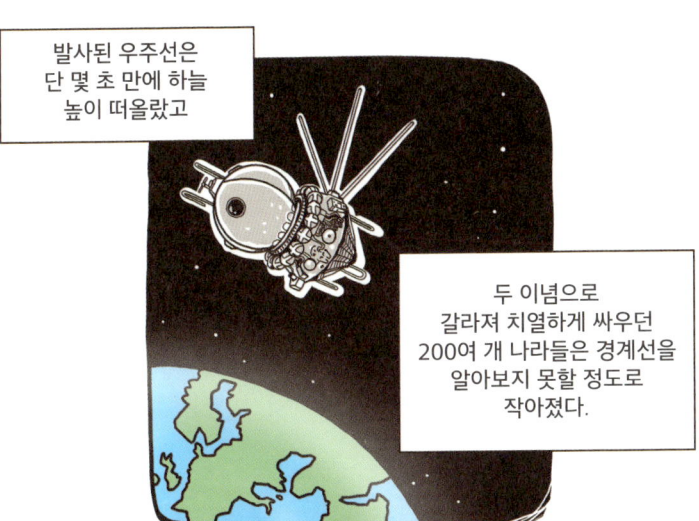

이 특별한 순간, 그는 이렇게 말한다.

지구는… 푸른 빛이다. 얼마나 놀라운가? 경이롭다!

한 시간 반이라는 짧은 우주 여행을 무사히 마치고 한순간에 소련의 영웅으로 탄생한 그는

인터뷰에서 이렇게 소감을 밝힌다.

멀리서 지구를 바라보니 우리가 서로 다투기에는 지구가 너무 작다는 것을 깨달았습니다.

소련의 성공적인 우주 탐사 이후
미국은 발등에 불이 떨어졌다.

그리고 8년 후인
1969년

미국의 우주 비행사
닐 암스트롱은
인류 최초로
달에 발을 디디는
영광을 누린다.

"한 명의 인간에게 이것은 작은 발걸음이다.
하지만 인류에게는 거대한 도약이다."

이 순간이 지금까지도 인류 역사에서
최고의 순간으로 꼽히는 이유는
달과 지구 사이의 엄청난 거리 때문일 것이다.

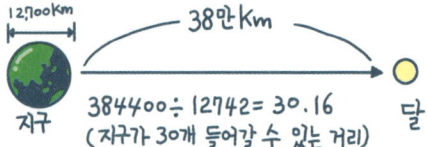

이렇게 이번에는 미국의 영웅이 된 암스트롱은…

우주 항해를 마치고 이렇게 말한다.

과연 그렇다. 38만 킬로미터 떨어진 달에서 본 지구는 하나의 푸른 콩처럼 작아 보인다.

그런데 아쉽게도 여기까지가 인간이 지구에서 가장 멀리 떠나온 거리다.

자, 그렇다면 사람 없이 우주 여행 중인 탐사선 중
지구에서 가장 멀리 있는 탐사선은 어디에 있으며

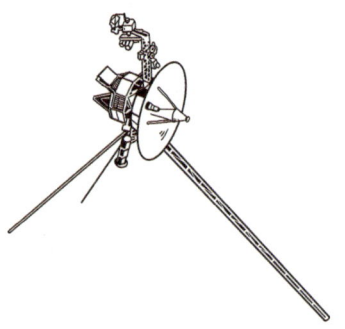

그곳에서 본 지구의 모습은 어떨까?

이렇게 발사된 보이저호는 그네 타듯 행성들의 중력을 타고
아주 빠르게 우주를 여행한다.

현재 이들이 위치해 있는 곳은 지구에서 각각
149AU, 124AU(2020년 기준) 떨어져 있는 곳이다.

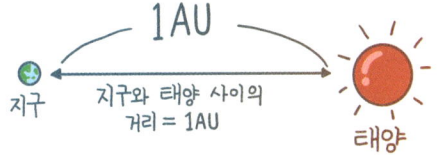

보이저 1호는 현재 지구와 태양 사이 거리의
149배 되는 지점에 있으며
40년이 넘도록 쉬지 않고 여행 중인 이 탐사선은

인간이 만든 물체 중
지구에서 가장 멀리 떨어져 있는 물체인 셈이다.

천문학자 칼 세이건.

자연과학을 대중화시키는 데 일생을 바친 칼 세이건은

1980년 보이저 팀에 기발한 제안을 한다.

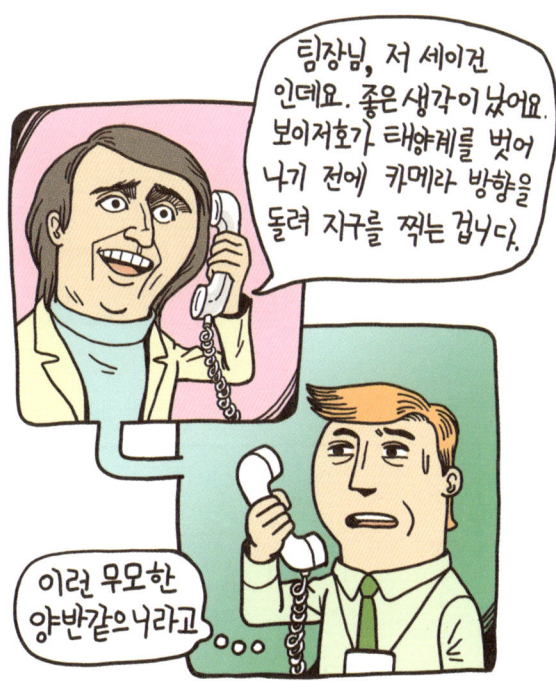

NASA는 칼 세이건의 제안을 놓고 고민했다.

대부분의 NASA 전문가는 이 제안에 반대한다.

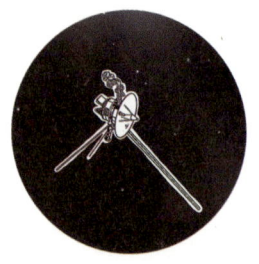

하지만 그로부터 9년이 지난 1989년 보이저 1호는 예정된 임무를 마쳤고

때마침 우주 비행사 출신이며 세이건의 제안에 호의적이었던 리처드 트룰리가 NASA 국장으로 오게 된다.

결국 보이저 1호의 지구 촬영이 승인되었다.

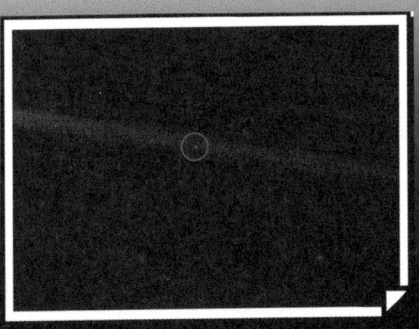

이 사진이 바로 40AU에서 바라본 지구의 모습이다.
동그라미 속 작은 점이 지구다.

저 파란 점

스마트폰 스크린에 묻은 먼지만큼 작아보이는
이 작은 점이 우리 인류의 집, 지구다.

64억 킬로미터 밖에서
날아든
사진 한 장.

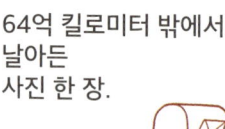

이 사진을 받아본 칼 세이건은

사진의 제목을
'창백한 푸른 점'이라
지었고

같은 제목의 책을 썼다.
그 책에서 그는
이런 이야기를 한다.

보이저호의 임무는 토성 탐사까지였습니다. 저는 보이저호가 토성 탐사를 마치고 마지막으로 카메라를 돌려 지구를 봤으면 좋겠다고 생각했죠.

토성에서부터는 지구를 알아보지 못할 정도로 지구가 작아 보일 테니까요.
지구는 그저 한 점의 빛, 하나의 픽셀에 불과하겠죠.
주변에 있는 다른 불빛과도 구분이 안 될 거였어요.
지구 주변 행성이나, 멀리 떨어진 태양과도요.
하지만 바로 그렇게 해서 드러나는 지구의 모호함 때문에, 그 사진을 찍는 것이 가치 있는 것이라고 생각했습니다.

창백한 푸른 점,
지구.

저 점이 우리가 사는 곳이고

저 점이 우리의 집이며

저 점이 바로 우리입니다.

우리가 사랑하는 모든 사람들,
우리가 아는 모든 사람들, 지금까지 존재해온 모든 사람들이
바로 저곳에 살았습니다.

모든 기쁨과 슬픔,
확신에 가득 찬 수천 개의 종교,
이념, 경제체제,

모든 문명의 창시자와 파괴자,
모든 왕과 농부, 모든 어머니와 아버지,
모든 발명가와 탐험가, 모든 스승과, 모든 부패한 정치인,
모든 성인과 죄인이 바로 저곳,
햇빛에 떠다니는 티끌 위에
살았던 것입니다.

저 픽셀의 한 귀퉁이에 살던 사람들이
구별하기도 어려운 또 다른 귀퉁이에 사는 사람들을
침략해 저지른 악랄한 행위들을 생각해보세요.

지금까지 알려진 바로는
지구가 생명을 품은 유일한 곳입니다.
가까운 미래에 우리 인류가 이주할 수 있는 곳은 없습니다.
인간의 자만심이 어리석다는 것을 아주 잘 보여주는 것은,
멀리서 찍은 이 사진만 한 게 없을 것입니다.

저에게 이것은
우리가 사는 창백한 푸른 점을 보존하고 아껴야 한다는
책임감을 느끼게 합니다.

우리가 아는, 유일한 보금자리를요.

먼지
: 공기 속에 퍼지는 인류 멸망의 전조

오늘은 미세먼지가 심할까? 괜찮을까?

마스크를 가져올 걸 그랬나?

날마다 공기를 체크해야 하는
현실이 믿어지지 않는다.

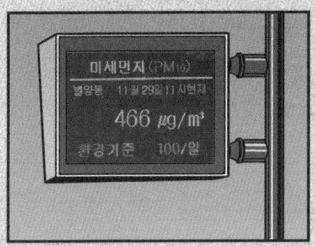

에어포칼립스란 말을 들어보았는가?

종말을 의미하는 단어 아포칼립스(Apocalypse)에
공기, 에어(Air)를 붙여 만든 단어로

그만큼 현재 전 세계 대기오염이
심각함을 의미하는 말이다.

2017년 파이낸셜타임즈는 중국의 대기오염을
'에어포칼립스'라고 표현하며
파멸을 가져올 수준이라고 비판했다.

이에 못지 않게 우리 나라의 공기질도 굉장히 나쁜데
조사 대상 국가 180개 중 173위로 최하위 수준이고

180개 국가 중 180위를 기록한 먼지 대국 중국에서
날아오는 미세먼지까지 정통으로 맞고 있다.

네이처 논문에 따르면 14억 명이 살고 있는 중국에서
생겨나 날아오는 엄청난 미세먼지는 한국과 일본에서
매년 무려 3만 9백여 명의 조기 사망을 발생시킨다고 한다.

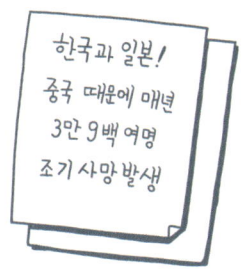

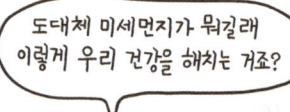

그중에서도 가장 걱정되는 것은 암과 관련된 것이다.

미국의 〈대기 환경〉 저널에 따르면 오염된 대기 속에 있는 '여러 고리 방향족 탄화 수소(PAHs)'라는 아주 작은 화합물이 있다.

이 화합물은 우리의 DNA에 달라붙어 세포 조절과 복제 과정에 개입하고

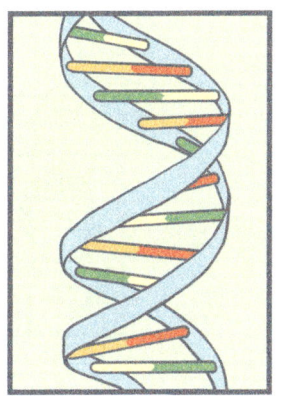

돌연변이를 일으켜 정상적으로 기능하던 세포가

암세포로 변이할 수 있다고 한다.

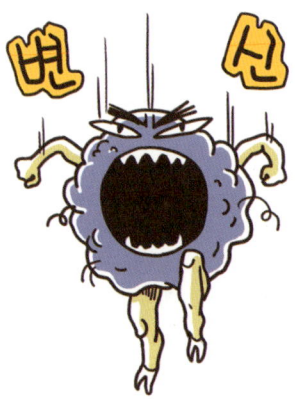

WHO에서도 이미 미세먼지를 담배와 함께
1급 발암물질로 지정했고

2010년 자료에 따르면
세계적으로 22만 3천여 명이
대기오염으로 인한 폐암으로 사망한다고 한다.

공기가
발암물질인데…

그 외에도 미세먼지는 피부 모낭을 막아
여드름과 뾰루지를 만들고 두피 모낭에도 침투해
탈모까지 유발한다고 하는데

그게 뭐 중요한가?

심지어 미세먼지는

대기오염으로 인한 피해가 요즘 들어 주목받고 있지만
대기오염 피해의 역사는 사실 그리 짧지 않다.

그 결과 60명 사망

그 결과 단 4일 만에 4천~8천여 명 사망

WHO에 따르면

흡연으로 인한 사망자가 600만 명이니

이제 공기가 담배보다 무서운 킬러가 되어버린 것이다.

환경오염 문제는 항상
경제 성장과 충돌하곤 한다.

지금 우리는 경제 성장을
건강과 맞바꾸고 있는 것일까?

유전자
: 여자는 왜 남자보다 오래 살까?

일본은 세계 최장수 국가라고 한다.

일본의 평균 기대 수명은 83.7세.

* 2015년 기준(WHO)

그러나!

일본 여성의 기대 수명은 이 정도인데

86.8세

일본 남성의 기대 수명은 그보다 짧다.

80.5세
(-6.3)

한편 한국인의 기대 수명은 일본보다 약간 짧은 82.3세.

반면 한국 남성의 기대 수명은 78.8세(-6.7세)다.

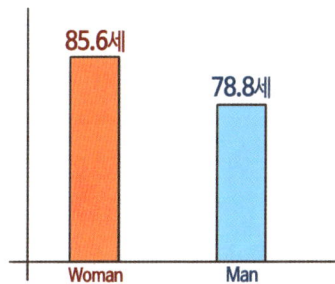

세계에서 가장 나이 많은 사람 TOP 10을 볼까?

전 세계적으로 100세를 넘긴 사람들의 성별을 살펴봐도
여성이 남성보다 훨씬 많다.

도대체 왜일까?

같은 호모사피엔스로 태어나
염색체 하나 다를 뿐인데
왜 여성은 남성보다 오래 살까?

여기엔 생물학적 차이가 있다.

이 생물학적 차이를 가장 잘 설명하는 이론은
영국 뉴캐슬대학의 저명한 생물학자 톰 커크우드가 제시한
'1회용 신체(1회용 체세포)' 이론이다.

그 이론에서는 이렇게 설명한다.
남자를 남자답게 만드는 대표적인 호르몬이 있다.

그래서 이 남성호르몬의 분비가 감소하면

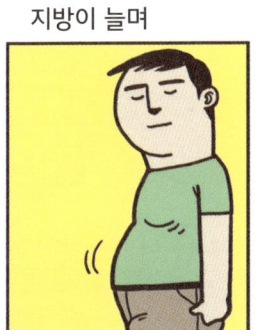

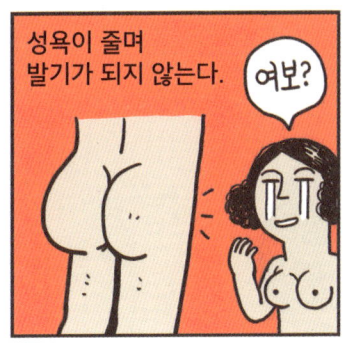

그런데 이렇게나 소중한 남성호르몬이 안타깝게도
남자의 수명을 단축시키는 주범으로 지목되고 있다.

몸이 늙는다는 건 우리 몸속 세포 분열이 점점 줄어들어
상처나고 망가진 세포를 치유하는 능력이 감소한다는 의미다.

남성은 자가 치유에 에너지를 덜 사용한다는 것이다.

그렇다면 그 에너지를 어디에 사용하는 걸까?

과학자들은 테스토스테론이 신체에 어떤 작용을 하는지 연구하기 위해 수컷 새들에게 테스토스테론을 투여하고

그들을 관찰했다.

그 결과…

즉 굉장히 성공적인 번식 활동을 보여주었다.

반면 테스토스테론을 분비하는 고환을 제거한
반려견의 경우,

고환이 그대로인 다른 수컷 동물들에 비해

장수하는 모습을 보여준다.

남자를 남자로 만드는 고환을 제거하자
놀랍게도 수컷들의 수명이 연장된 것이다.

우리 몸이 사용할 수 있는 신체 에너지는 한정되어 있다.

우리의 신체는 이 한정된 에너지를 골고루
신진대사, 번식, 치유 활동에 분배해 사용해야 하는데

고환을 제거해 수명을 늘린 남자가 있냐는 말이다!

조사 결과 이런 사례가 굉장히 많은 것으로 나타났다.

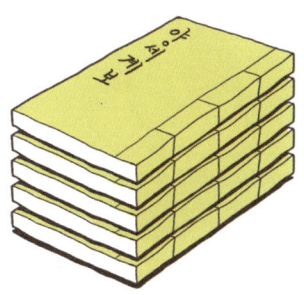

그분들은 바로 KOREA의 Eunuchs.

내시는 조선시대 왕족들 곁에서
허드렛일을 하는 남자로

궁궐 내에서 자주 마주칠 궁녀를

탐하지 못하도록

거세한 남자 시종이다.

한국의 생물학자 민경진 교수는
10여 년 전 사극 드라마를 보다가

이런 생각이 들었다.

그는 18세기에서 19세기에 걸쳐 작성된
〈양세계보〉라는 족보를 조사해

조선시대 내시 81명의 평균 수명을 계산했는데

그 결과는 정말로 놀라웠다.

그들은 왕이나 양반보다 20년이나 더 살았다.

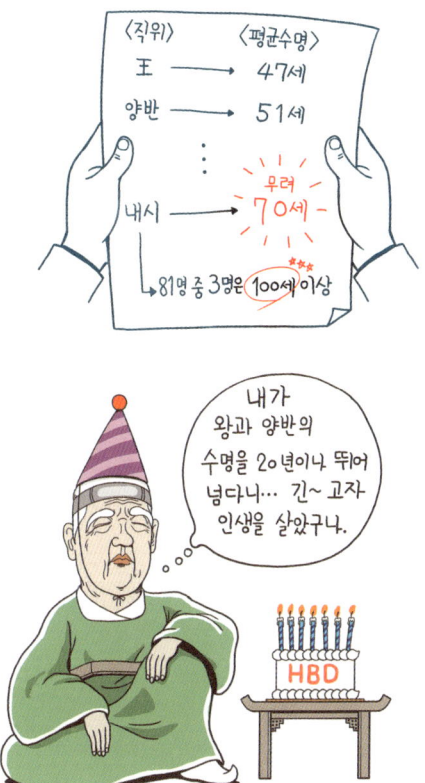

게다가 81명 중 3명은 100년을 넘게 살았다.

세계 최장수 국가 일본에서 100년을 넘게 사는 사람이

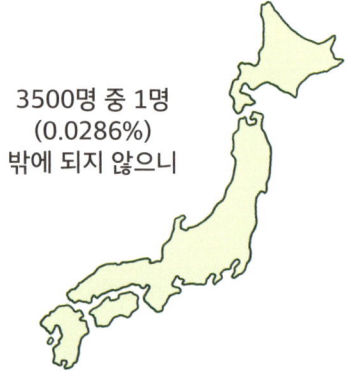

3500명 중 1명
(0.0286%)
밖에 되지 않으니

조선시대 내시가 100살을 넘길 확률이
현대의 일본인이 100살을 넘길 확률보다

130배나 높았다.

혹시라도 그런 생각이 들었다면
당장 그 생각을 버리는 것이 좋다.

소년이 2차 성징을
겪으며 성인 남자로
몸이 변화할 때

수명과 연관된 생물학적 변화를 마치는 것으로 보인다.

즉 15세 이전에 거세한 게 아닌 경우
수명에 미치는 영향은 미미하다.

테스토스테론이 정확히 어떻게
남자의 수명을 단축시키는지에 대해서는 연구 중이지만
진화론적 관점에서 보면 왜 여성이 남성보다
더 오래 살게 되었는지 이해할 수 있다.

1800년대 형성된 다윈의 진화론은 생물체의 관점에서 자연을 설명했지만

1900년대부터 현대 진화론은 유전자의 관점에서 자연을 설명한다.

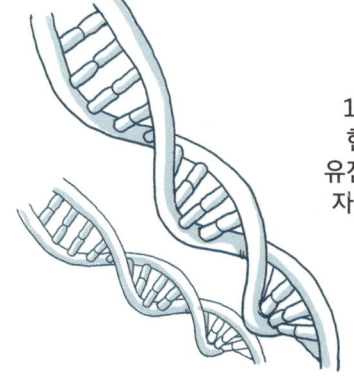

찰스 다윈은 말한다.

주어진 환경에서 생존에 가장 적합한 특성을 가진 종이 생존한다.

하지만 다윈도 생물체의 행동을
그의 이론만으로 모두 설명할 순 없었다.

왜 어떤 생물체는 자신의 목숨이 위험한 것을 알면서도
서로를 돕는 것일까?
예를 들어 일벌들은 침입자가 나타나면

목숨까지 바쳐 싸우며

심지어 자신의 번식은 포기한 채
평생 여왕벌의 번식만 도울까?

그들은 왜 '내'가 아닌 '남'을 돕는 것일까?

이로울(이)   남(타)

이 수수께끼를 연구하며 현대 진화생물학계는
엄청난 발전을 이룩했는데…

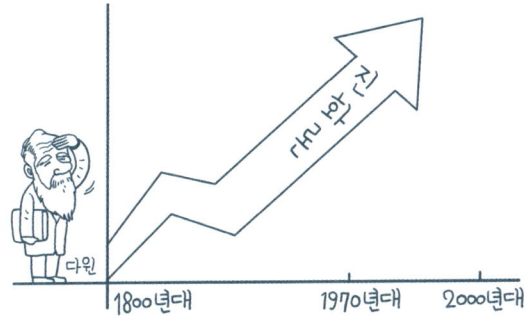

그 해답이 바로 유전자에 있었다.
생물체는 유전자의 '운반체' 또는 '탈것'이라는 것이다.

우리들의 '이기적인 유전자'가 답이다.

생물체의 관점에서 바라볼 때
일벌의 희생적인 협력 행위는 이해가 되지 않지만

유전자의 관점에서 바라보면
이런 행위들이 쉽게 이해가 된다.

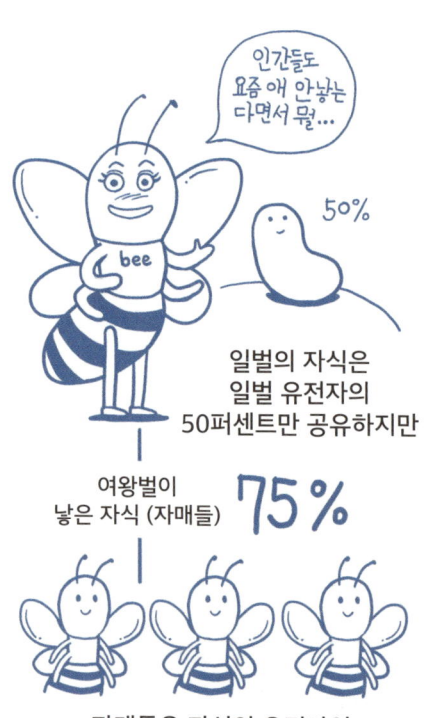

일벌의 자식은
일벌 유전자의
50퍼센트만 공유하지만

자매들은 자신의 유전자의
75퍼센트나 공유한다.

유전자의 50퍼센트밖에 공유하지 않는 자식을
직접 낳는 것보다

여왕벌의 자식이 건강하게 자랄 수 있도록 돕는 것이
유전적으로 도움이 되는 것이다.

어떤 방법으로 하냐고?
아까도 살펴보았던
'자가 치유 능력'을 다시 살펴보자.

우리 몸은 세월이 흘러
손상된 세포들을 스스로 치유해가며

'인간'이라는 정밀한 기계를
끊임없이 재정비해나간다.

신체의 자가 치유 능력은 정말 강력하고 효율적이다.

하지만 우리 몸은 늙어 죽는 길을 택한다.

왜일까?
왜 신체는 죽어야만 하는가?

우리가 죽어야 하는 이유가 있다.

우리 몸의 주인은 우리가 아닌

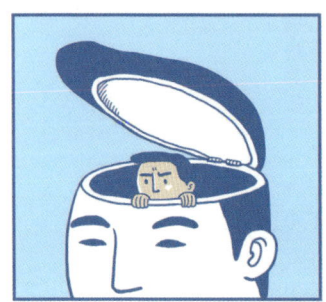

유전자이기 때문이다.

유전자의 입장에서 우리 몸은
유전자를 운반하는 '운반체'다.

유전자는 생물체라는 운반체를 타고
영생을 누린다.

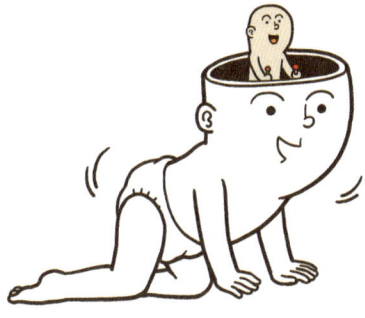

내 유전자는 신체를 늙어 죽지 않게 하고

평생을 내 몸에서만 살 수도 있겠지만

그러기엔…

위험성이 너무 크다.

'나'라는 연약한 몸뚱이 하나에만 모든 에너지를 집중 투자하기에는 위험성이 너무 큰 것이다.

그래서 유전자는 운반체인 생물체에게
딱 성인이 되어 번식할 수 있을 정도의 에너지만 투자해
자식을 여럿 낳을 수 있도록 유도한다.

이것이 바로

Low Risk, High Return

위험성을 낮추고 높은 이득을 취하는 전략이다.

연약한 생물체라도 여럿에게 분산 투자하면

불로불사는 운반체인 내 몸뚱이가 하는 것이 아니라
내 몸을 타고 있는 유전자가 하는 것이다.

사실 인간만 성별에 따라 수명이 차이 나는 것도 아니다.

거의 모든 암컷이 수컷보다 더 오래 산다.

암컷, 수컷 모두 유전자의 운반체라면

암컷 운반체가 더 오래 사는 이유는 뭘까?

우선 초기 투자부터가
다르다.

인간을
예로 든다면

남자는 365일 정자가 2억 마리씩
수도꼭지 튼 것처럼 콸콸 나오지만

여성의 난자는 한 달에 한 번
하나씩밖에 나오지 않는다.

또한
난자와
정자가

어렵게
여성의
몸속에서
수정되더라도

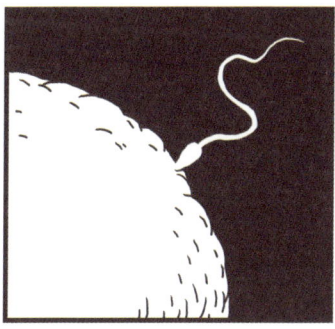

원시수렵채집시대

장장 9개월에 걸쳐

배 속의 아이에게 필요한 영양분을 제공해야 한다.

이렇게 9개월간 배 속에서 아이를 키우고 나면
산부인과도 없는 숲에서 목숨 걸고 낳아야 한다.

또한 그 고비를 넘기면 또 수개월에서 수년 동안

젖을 먹이고

업고 다니며

아이가 스스로 앞가림을 할 수 있을 때까지
헤아릴 수 없는 노력과 시간을 들인다.

여성은 50세가 넘어가면 월경이 멈춰
번식을 할 수가 없다.

나이 든 여성이 또다시

9개월간 임신을 하고 출산의 고통을 견디기에는

위험성이 너무 높은 것이다.

따라서

직접 임신을 해 자식을 더 낳는 것보다는

이미 낳아놓은 자식이 또 자식을 낳는 것을 돕고

그 아이들이 건강하게 자랄 수 있도록
돌보기를 돕는 편이 훨씬 안전하고 효율적이다.

할머니의 손자, 손녀들은
할머니 유전자 25퍼센트를 공유하고 있으니까 말이다.

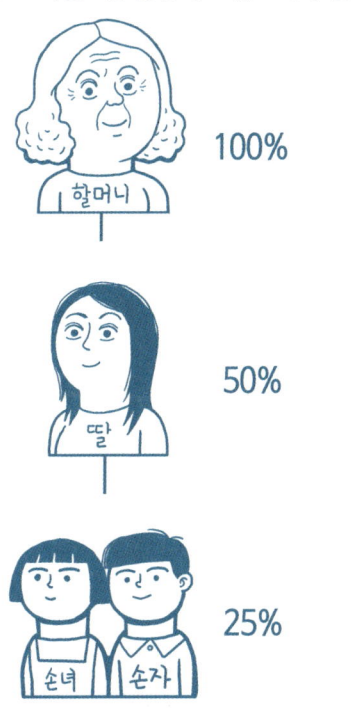

여성의 월경이 멎는 시기가

자식 세대의

번식 시기와 비슷하다는 사실과

그들의 수명은 또

자식 세대가 낳은 손주가 앞가림을 할 수 있는

성인이 되는 시기와 비슷하다는 사실은

우연의 일치가 아니다.

유전자의 입장에서
여성의 수명은 더욱 늘어날 필요가 있었다.

그들은 오래 살며 끝까지 해야 할 임무가 있었던 셈이다.

텔로미어
: 바닷가재가 알려준 장수의 비밀

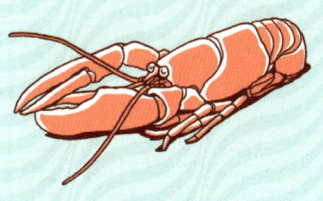

바로 씹으면
씹을수록

맛있는 바닷가재.

바닷가재는 뜻밖에도 불로장생하는 생물인데…

그들이 젊음을 유지하는
비결은 뭘까?

한창
젊은 날 잡혀
가지고ㅠㅠ

노화의 비밀은 세포 속에 있다.

세포의 핵 속에는 염색체가 있고 그 양 끝에 '텔로미어'라는 부분이 있다.

우리 몸속 세포는 끊임없이 분열하며 새로운 세포를 만드는데

그러다가 텔로미어가 너무 짧아져 더는
분열하지 못하게 되면 세포에 노화가 진행되기 시작하고

수십 년 후…

결국 죽어버린다.

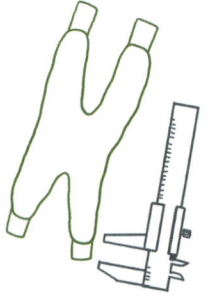

따라서 텔로미어의
남은 길이는
개체의 수명을 예측하는
중요한 지표가 된다.

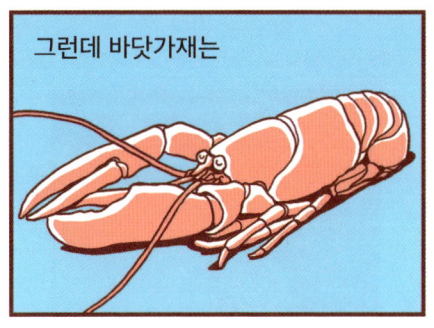

텔로미어의 길이를 연장시켜주는 효소
'텔로머레이스'가 생겨난다.

이 효소는 텔로미어의 길이가 짧아지면

다시 연장시키는 역할을 한다.

말도 안 된다고?
자연의 섭리를 거스르는 거 아니냐고?

반칙처럼 들리지만 사실이다.

바닷가재는
상당히 오래 산다.

그 기간 동안 늙지 않고 청춘을 즐기다가 죽는다.

하지만
인간의 정상세포는 텔로머레이스 효소가 발현되지 않아

노화를 멈추는 것은 불가능하다.

그런데 우리 인간에게도 텔로미어가 짧아지는 것을
늦출 수 있는 방법이 있다는데… 뭘까?

미국 미시시피대학과 UC 샌프란시스코대학의

1999년부터 2002년까지 3년간

6503명을 대상으로

운동이 텔로미어에 미치는 영향을 조사했다.

이렇게 4개의 선택지 중

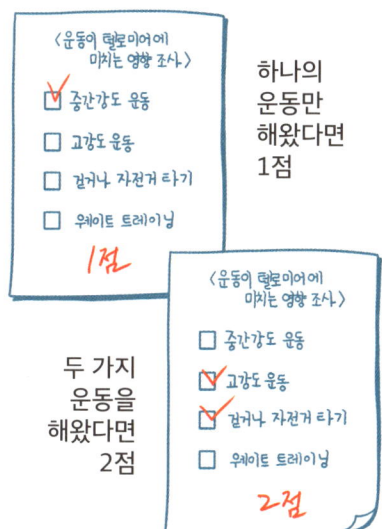

하나의
운동만
해왔다면
1점

두 가지
운동을
해왔다면
2점

하는 식으로 점수를 매겼는데

한 가지 운동을 한 사람은 아예 운동을 하지 않은 사람보다 텔로미어 감소율이 3퍼센트밖에 적지 않았지만

두 가지 운동을 한 사람은 24퍼센트
세 가지 운동을 한 사람은 29퍼센트

그리고 네 가지 운동을 한 사람은

텔로미어 감소율이 무려
52퍼센트나 적었다.

우리가 바닷가재가 되지 않고도
젊음을 유지할 수 있는 가장 강력한 방법은

2017년 4월 24일 미국
브리검영대학이 발표한 연구에서는 이런 조사를 했다.

남성은 하루 40분, 여성은 30분씩 주 5회 조깅했다는 조건으로

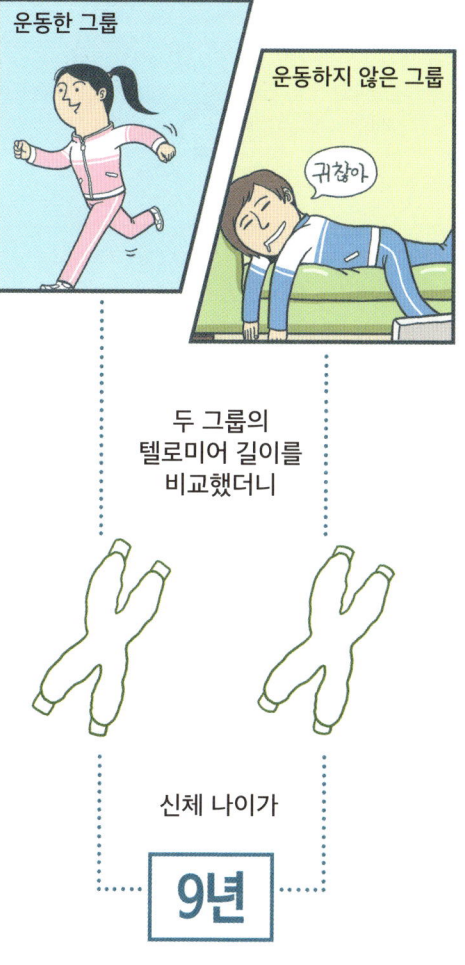

두 그룹의
텔로미어 길이를
비교했더니

신체 나이가

9년

무려 9년이나 차이가
나는 것으로 밝혀졌다.

신체에 무리가 가는 심한 운동을 하는 것이 아니라면

운동량과 신체 나이는 명백한 상관관계를 나타낸다.

이 연구를 주도한 브리검영대학의 교수 래리 터커는 이렇게 말했다.

> 12

스트레스
: 스트레스는 나쁘기만 한 것일까?

현대인이라면 누구나
스트레스 때문에 고민하곤 한다.

의학계에선

스트레스에 대한 우리 몸의 반응을

Fight or flight
투쟁 또는 도주 반응

이라고 일컫는다.

수렵 채집 시대

인간의 신체가 스트레스를 느꼈던 순간은

주로 사자와 호랑이 같은 맹수를 마주쳐 위협받을 때였는데

이 순간 우리에게 주어진 선택권은 단 두 가지였다.

신체는 곧바로 '전투 태세'에 들어간다.

빛을 많이 받아 상대방의 움직임을 더욱
잘 파악하기 위해 동공이 확장되고

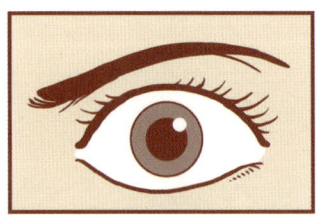

빠르게 움직일 수
있도록 근육을
긴장시키고

필요한 부위에
빠르게 피를
공급하도록
심장박동 수는
증가하며

전투에 사용하지 않는 소화기관이나
피부로 가는 혈액은 줄어들고

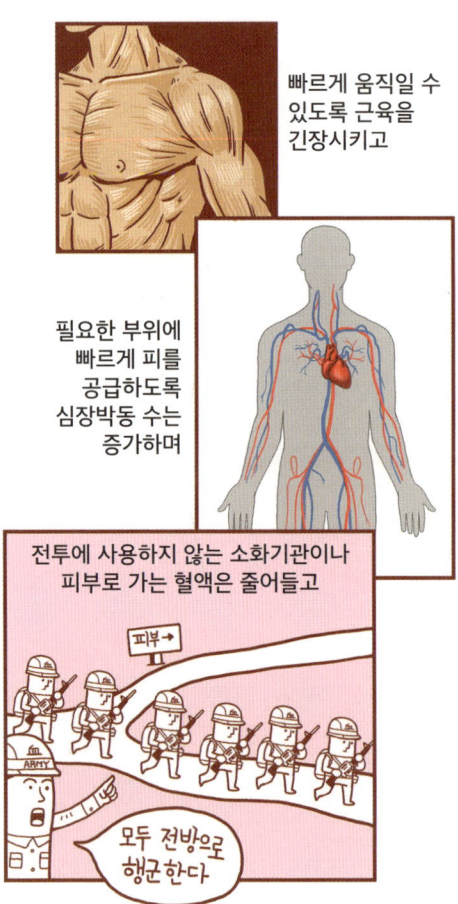

모두 전방으로
행군한다

그런데 오늘날은…

스트레스의 원인은 사자나 호랑이가 아닌 직장 상사의 잔소리다.

신체는 스트레스라는 오래된 명령을 받아들여
원시적인 전투 준비에 들어갔지만

근육은 위축되고

혈압은 증가해

손은 부들부들 떨리지만

나의 신체는…

투쟁도(Fight)

도주도(Flight)

하지 않는다.

스트레스는
해소되지 않고

변화해버린
신체만 남았다.

이런 오작동이 차곡차곡 신체에 쌓여
현대인의 질병으로 발전하는 것이다.

열심히 혈액을 공급하던 심장에 가해진 부담은

고혈압과 심장 질환으로 이어지고

혈중에 높아진 당과 콜레스테롤은

당뇨병과 뇌졸중을 유발한다.

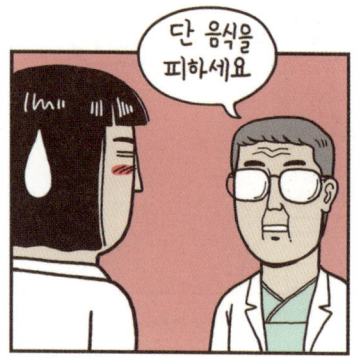

맹수가 득실거리던 수렵 채집 시대

신체를 변화시켜

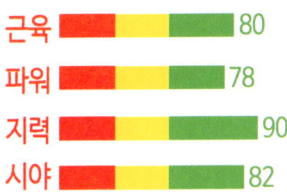

우리의 목숨을 지킨

'스트레스'라는 녀석이
한가로운 현대 사회에서 만병의 주범으로 전락해버린 것이다.

그렇다면 우리 현대인들은
이제 스트레스를 어떻게 다뤄야 할까?

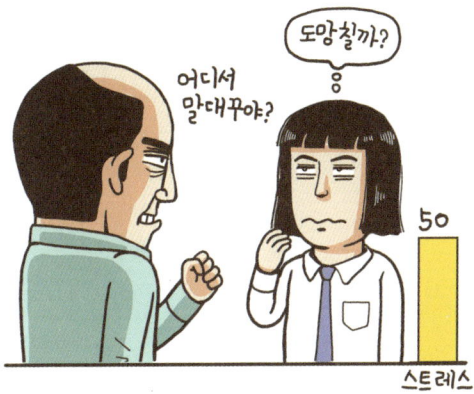

원시적인 스트레스에 반응하는
우리의 몸을

바꾸는 방법은 없을까?

스트레스는 늘 우리를 위협한다.
하지만 스트레스에 대한
'생각의 변화'만으로 건강해질 수 있다는데?

라고 말한다.

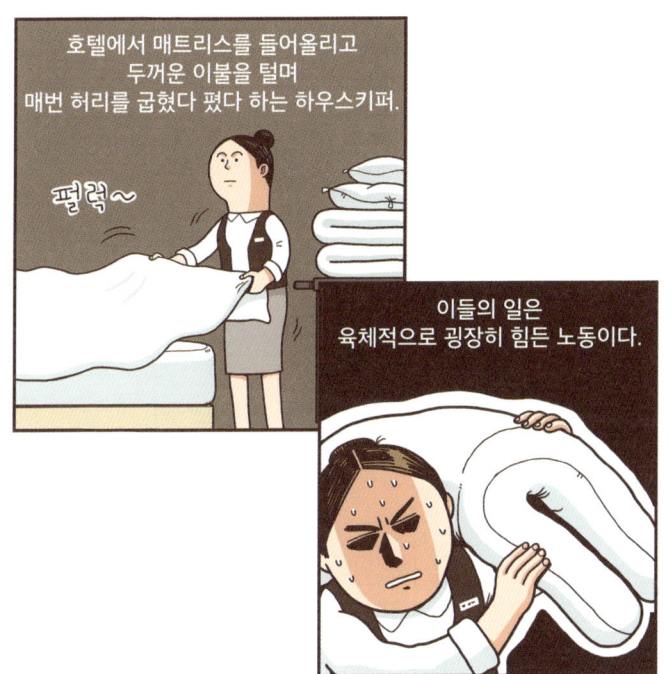

한 시간에 300칼로리를 소모하는 활동이며,

이는 웨이트 트레이닝, 수중 에어로빅, 테니스에 맞먹는 강도의 노동이죠.

칼로리 소모로 볼 때 이들은 운동선수나 다름없다.

이런 육체적 활동을 매일 하는 하우스키퍼들의 몸은 어떨까?

운동선수처럼 늘씬하고 탄탄한 몸을 갖고 있을까?

스탠퍼드대학의 알리아 크럼 박사는 그들의 몸 상태를 조사했다.

그 결과, 그들의 신체 건강이
움직이지 않고 앉아서만 일하는 일반 회사원과
다르지 않다는 것을 발견했다.

이들은 "운동은 거의 하지 않는다"고 대답했다.

그들의 일 자체가 고강도 운동과 다를 바 없는데도 말이다.

매트리스 들어올리기
248 kcal

떨어진 수건 줍기
136 kcal

무거운 카트 밀기
358 kcal

그래서 크럼 박사는
하우스키핑에 소모되는
칼로리를 알려주는
포스터를 만들어

하우스키퍼들에게
전달했는데…

얼마 후 그들의 몸에 나타난 결과가 정말 놀라웠다.

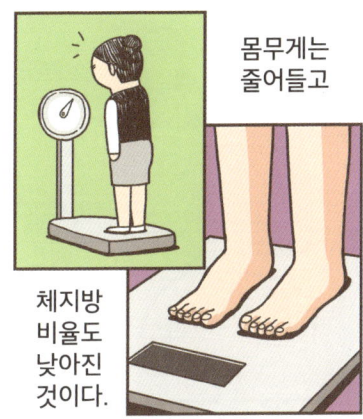

그들의 운동량에는 전혀 변화가 없었고

한편, 하버드대학 연구팀은
스트레스의 긍정적인 이미지를 심어주는 실험을 했다.

스트레스를 받을 때 빨라지는 심장 박동은
다가올 어려움에 맞서 신체를 준비시키는 긍정적인 작용이고,
스트레스를 받을 때 가빠지는 호흡은 산소를 뇌에 빠르게 보내
어려운 상황에서 뇌가 잘 기능할 수 있도록 해주는
아주 좋은 작용입니다.

이런 식으로 스트레스가 신체에
이롭다는 인상을 심어줬다.

그러자 정말 놀랍게도 스트레스를 받았을 때
위축되어야 할 그들의 혈관이

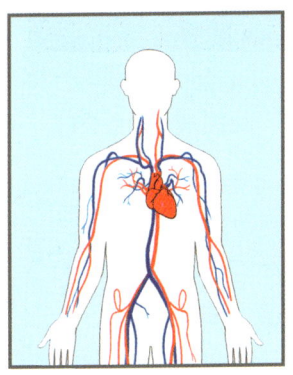

이완된 상태로 유지되었다.

혈관은 이완된 상태로 유지되고
호흡과 심장 박동이 빨라지는 이 상태!

이 상태는 바로 우리 몸이 용기를 낼 때의 상태와 같습니다

이것이 바로 우리가 몰랐던 스트레스의 이면이다.

이뿐만이 아니다.

스트레스를 받으면

라는 두 호르몬이 나오는데

그런데 이렇게 서로 반대되어 보이는
두 호르몬이 스트레스를 받을 때
같이 분비되는 것이다!

놀랍게도 DHEA 분비량이 전과 비교해 크게 증가한 것을 발견할 수 있었다.

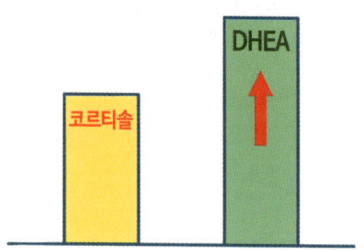

스트레스가 몸에 이롭다는 것을 깨닫게 되자

우리 몸이 건강에 이로운 방향으로
스트레스 호르몬을 분비한 것이다.

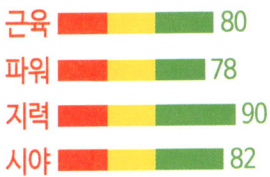

그렇다면 스트레스가
건강에 좋을 수도
있다는 것일까?

스트레스

그래,
활용하기
나름일지도!

시간
: 시간이 흐른다는 환상에 대하여

시간은 언제나 똑같이 흐를까?

블랙홀을 통해 시공간을 뛰어넘는 이야기를 담은
영화 〈인터스텔라〉는 시간에 대한 우리의 통념을 바꾼다.

인류가 이주 가능한 행성을 탐사하기 위해
우주로 떠난 탐사대.
쿠퍼와 브랜드는 밀러 행성을 탐사하러 내려가는데

폭삭 늙어버린 롬을 마주하게 된다.

1차원엔 선이 있고

2차원엔 면이 있고

3차원엔 입체적 공간이 있다.

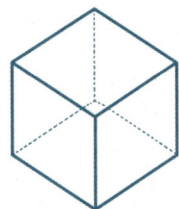

우리는 이 3차원 공간에 살고 있다.

아인슈타인은 우리가 살고 있는 3차원 공간에 하나의 차원이 더 연결되어 있음을 발견했다.

그것은 바로 시간이다.

우리는 친구들과 약속을 정할 때,

강남역이라는 공간 뒤에 시간을 꼭 붙여야 한다.

장소만 정하고 시간을 정하지 않으면 약속은 완성된 것이 아니다.
이러면 서로를 만나지 못한다.

우리는 이렇게 공간과 시간이 합쳐진
시공간에 살고 있다.
그런데 왜 사람들은 시간이라는
네 번째 차원을 쉽게 떠올리지 못할까?

이유는 바로

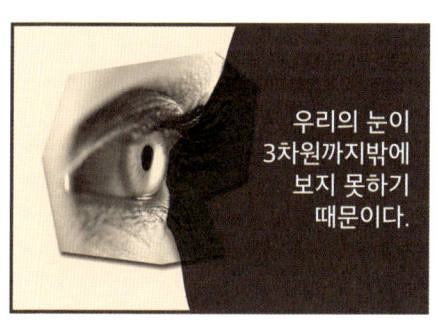

우리의 눈이
3차원까지밖에
보지 못하기
때문이다.

만약 세상을 2차원으로밖에 보지 못하는
2차원적인 생명체가 존재한다고 가정해보자.

여기에 어느 날, 3차원에 살고 있는 사과가
이들 앞에 떡 하니 나타난다면?

이들에게 사과란, 그들이 사는 2차원 면에 맞닿는
사과의 맨 밑바닥, 즉 저 네 개의 점이 될 것이다.

사과가 아무리 자신의 모습을 설명해줘도
2차원만 보이는 이들은 사과의
3차원적 모습을 이해할 수 없을 것이다.

사과는 어떻게 이들에게 3차원 속 자신의
진정한 모습을 보여줄 수 있을까?

그들이 2차원적 단면밖에 볼 수 없다면,
사과의 단면을 쭉 이어서
한 번에 보여주면
되지 않을까?

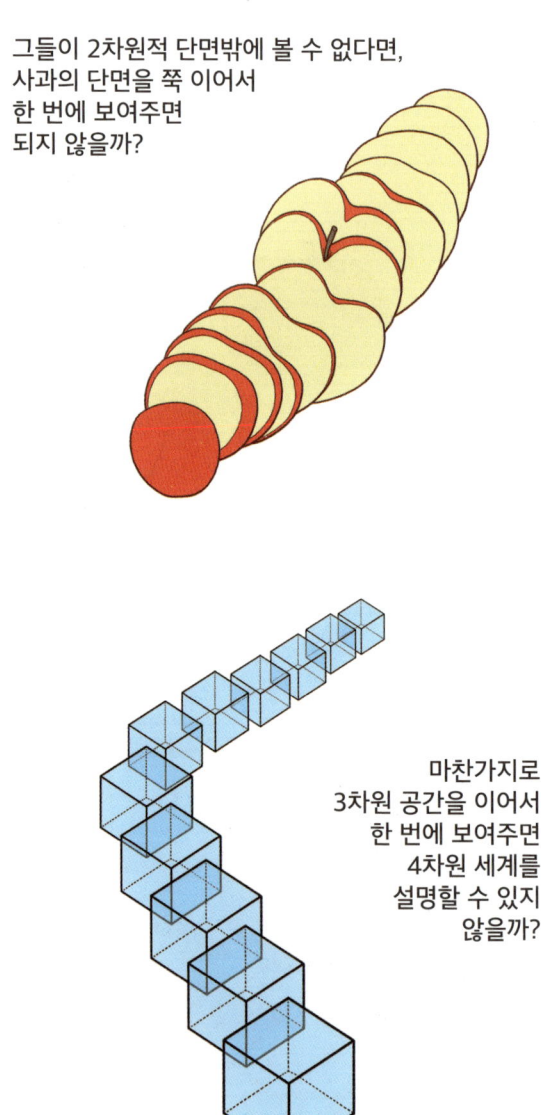

마찬가지로
3차원 공간을 이어서
한 번에 보여주면
4차원 세계를
설명할 수 있지
않을까?

3차원 공간에 시간을 더한
4차원 세계를 마주하기에 앞서,
먼저 1차원 선에 시간을 더한
2차원 시공간의 모습을 보자.

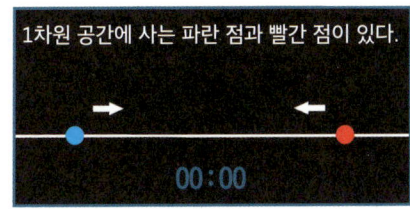

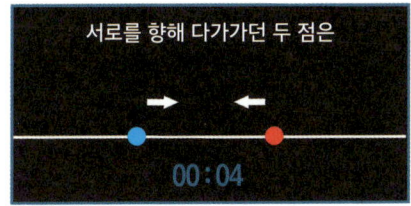

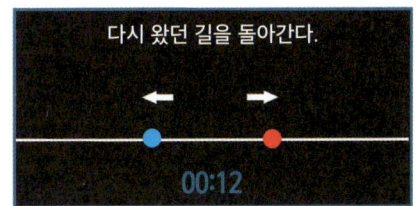

이 모습을 종이 위에서 어떻게 설명할 수 있을까?

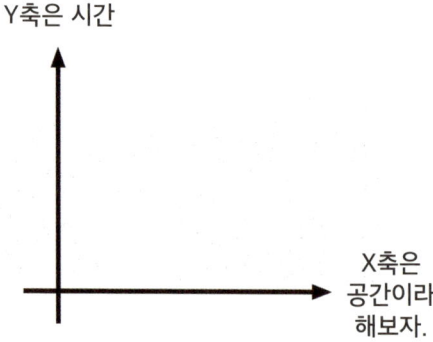

그렇다면 이 XY평면은
파란 점과 빨간 점이 살고 있는 2차원적 시공간이 되고
우리들에게 그들이 사는 2차원 시공간의 모습은 이렇게 보인다.

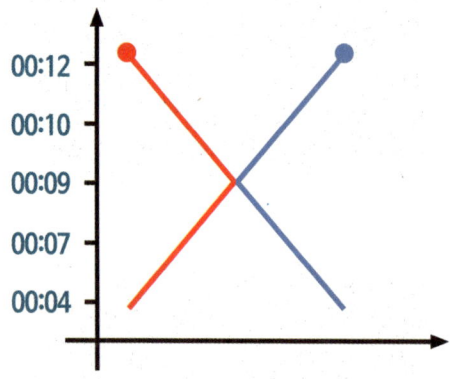

이번에는 5초 후에 폭발하는 폭탄을 상상해보자.

1차원 공간에 사는 생명에게 이 폭탄은
5초 후 터지는 폭탄이지만 2차원 시공간에서 보면 어떨까?

이런 모습이 된다.

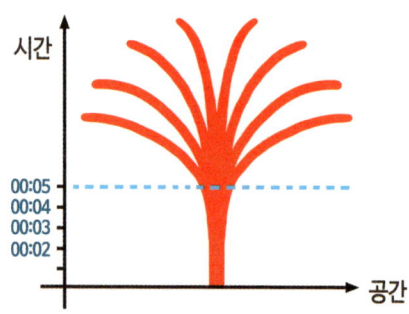

이번에는 2차원 면에서 살고 있는
동그라미와 네모가 있다.
동그라미 옆에서 움직이는 네모라고
가정해보자.

여기에 시간이라는 1차원을 더하면
3차원 시공간의 모습은 이렇게 된다.

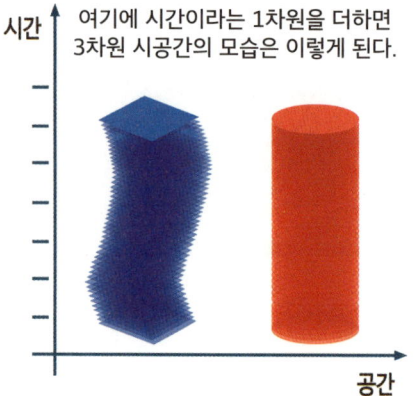

3차원까지 볼 수 있는 우리는 2차원 공간에 1차원 시간을 더한
3차원 시공간까지는 쉽게 볼 수 있다.

그렇다면 4차원 세계의
어떤 미스터리한 존재가

우리에게 우리가 사는
4차원 시공간을
한눈에 보여준다면
어떻게 될까?

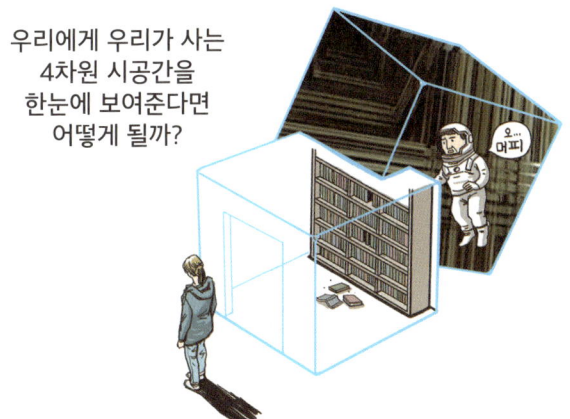

우리가 2차원 시공간을 이해하기 위해
빨간 점과 파란 점을 예로 든 것처럼,
이 미스터리한 존재는 거리를 하루 종일 돌아다닌
이 사람을 예로 들었다고 가정해보자.

그가 돌아다닌 3차원 공간에

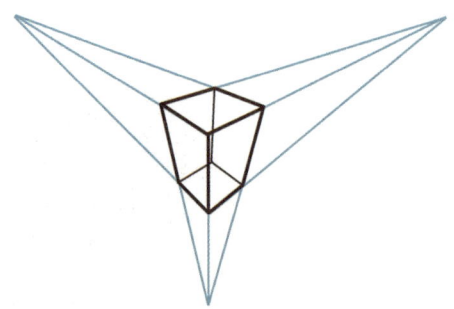

시간이라는 1차원을 더한 4차원 시공간의 모습은
이런 모습이 될 것이다.

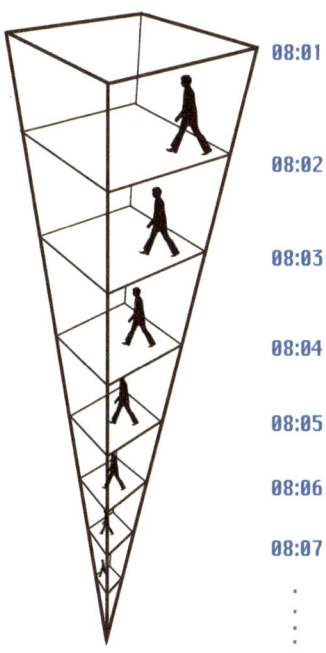

그러나 인간은 4차원 시공간의 온전한 모습을 보지 못한다.
그래서 '지금'이라는 주관적인 관점 아래
평상시에는 아래처럼 3차원까지밖에 볼 수 없다.

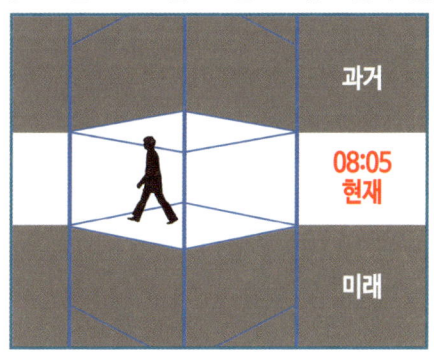

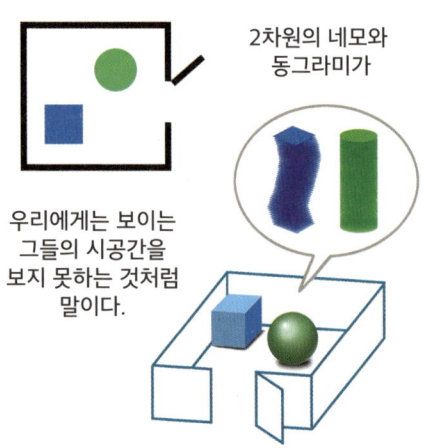

2차원에 사는 네모, 세모, 동그라미가
'시간이 흘러' 변화하는 3차원 사과의 단면만 볼 수 있듯이,

3차원에 사는 우리는 '시간이 흘러' 변화하는
4차원의 한 부분밖에 보지 못한다.

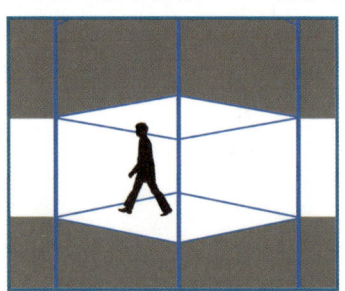

2차원에 사는 네모, 세모, 동그라미는 3차원 사과의 단면을 보며

"사과라는 녀석은 조금 찌그러진 원이구나!"

라고 생각할지 모른다.

그렇게 생각하는 자신들의 모습도 사실은
정육면체, 삼각기둥, 원기둥일지도 모른다.

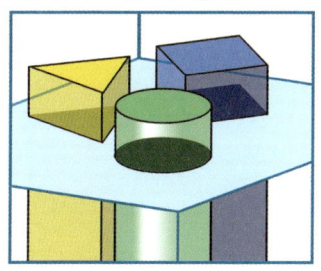

그런데 시간은 우리 생각처럼 '늘 일정하게 흐르는 것'이 아니다.

'시간'이란

계속해서 변화하는 순간순간을 이해하기 위해
우리가 만들어낸 환상이다.

우리는 공간과 시간이 전혀 다르다고 생각하지만
1차원 선이 또 다른 1차원 선을 만나 2차원 면을 만들고

2차원 면이 또 다른 2차원 면을 만나 3차원 공간을 만들듯이,

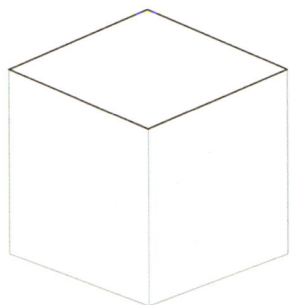

시간도 공간과 같은 하나의 차원이다.

그리고 우린 3차원에서 '시간이 흘러' 4차원이 되는,
다시 말해 3차원 공간에 1차원 시간이 더해진
4차원 시공간에 살고 있다.

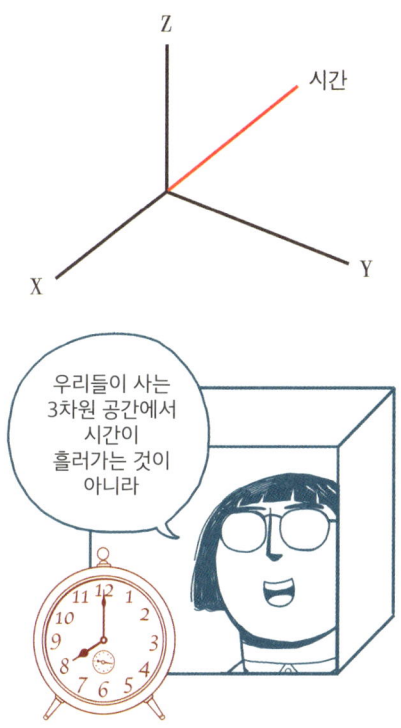

3차원 공간이 그 다음 3차원 공간으로

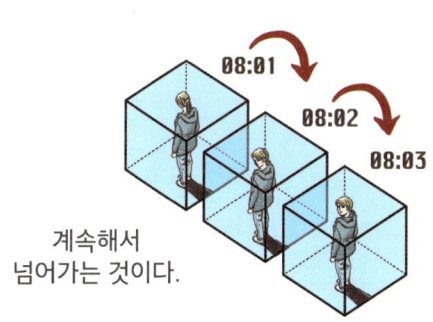

계속해서
넘어가는 것이다.

처음으로 시간과 공간의 연관성을 발견한 사람은 아인슈타인이었다.

아인슈타인이 이 사실을 발견했고,

독일의 수학자 헤르만 민코프스키가 아인슈타인의 이론을 수학적으로 계산했다.

시간과 공간은 서로 분리되어 있는 것이 아니라, 시간과 공간이 합쳐져 4차원의 시공간을 이룬다는 것이 처음으로 밝혀진 대대적인 순간이다.

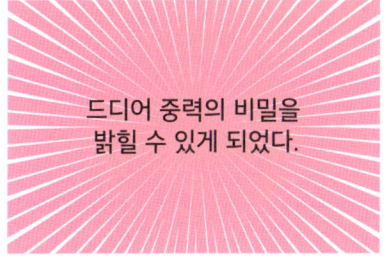

이 푸른 천이 시공간이라고 해보자.

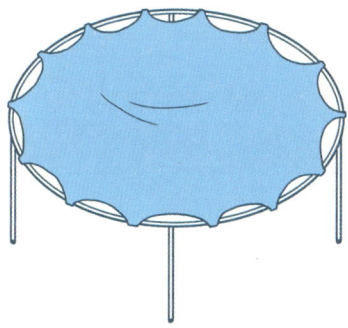

태양과 같이 커다란 질량을 가진 물체는
시공간이라는 천 위에 놓이면

시공간에 곡면을 만들고 푸욱~

질량이 작은

주위 물체들은

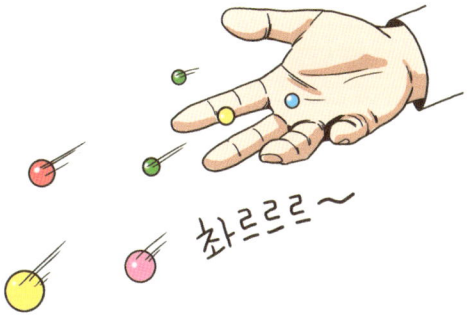

촤르르르~

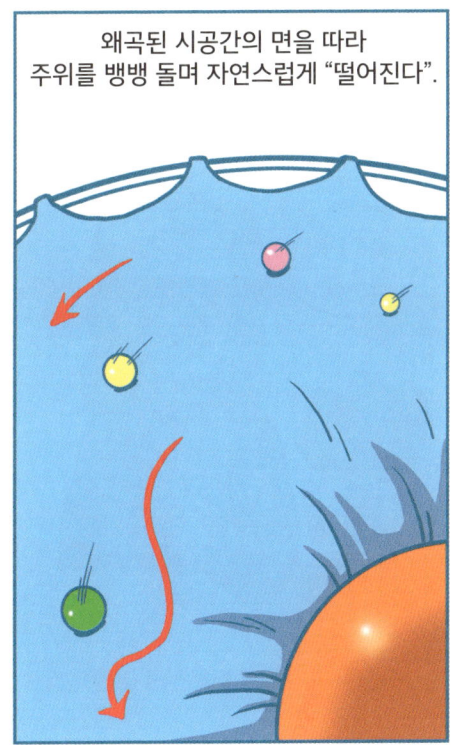

왜곡된 시공간의 면을 따라
주위를 뱅뱅 돌며 자연스럽게 "떨어진다".

이렇게 왜곡된 시공간의 면을 타고

떨어지는 것.

이것을 바로

중력의 정체가 밝혀진 것이다.

시간은

1차원

2차원

3차원
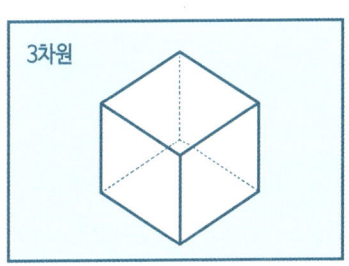

4차원
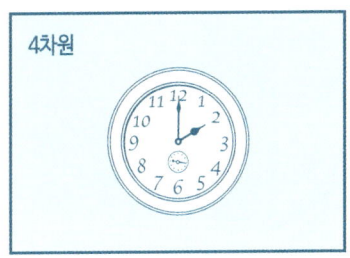

4차원을 구성하는 하나의 차원이다.

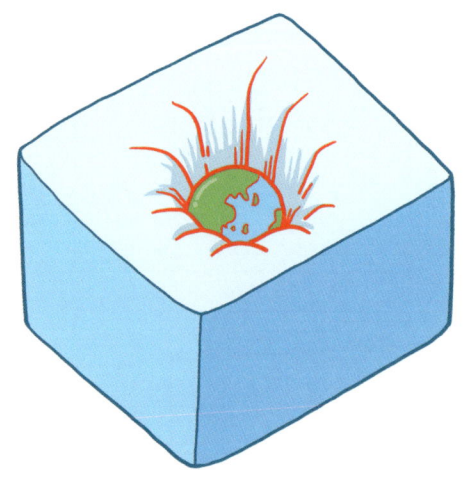

이 4차원 시공간의 면이 이렇게 왜곡되어버리면

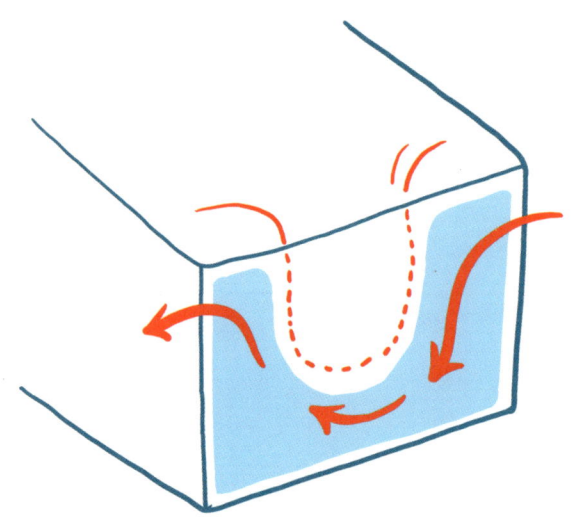

시간에는 무슨 일이 일어날까?

〈인터스텔라〉에서 쿠퍼와 브랜드가 탐사하러 간 밀러 행성은

질량이 어마어마한 거대 블랙홀에 근접해 있는 행성이었다.

이 블랙홀은 질량이 태양의 질량보다
1억 배 이상 큰 거대한 블랙홀이었는데

이 커다란 질량이 시공간이라는 천을 짓눌러,
시공간이 급격하게 늘어져버렸다.

먼저 특수상대성이론에서 아인슈타인이 설명한
시간 차는 이렇게 만들어진다.

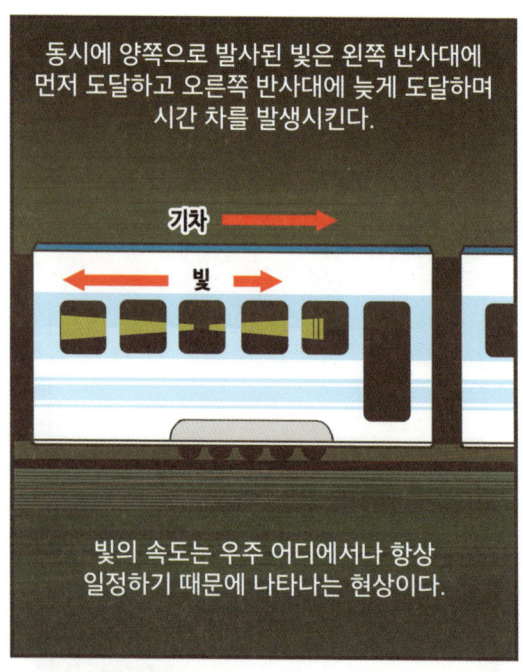

지구 역시 시공간의 면 위에 이렇게 올려져 있다.

빛의 속도는 항상 일정하지만 지나가는 길에 지구가 있으면
지구의 질량 때문에 시공간이 늘어져
빛이 A에서 B로 이동할 때 걸리는 시간이

지구가 없을 때 걸렸던 시간보다 더 오래 걸리게 된다.

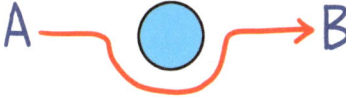

영화 속에서 쿠퍼 일행은
밀러 행성 가까이 있는 거대 블랙홀의 질량 때문에
시간 차가 발생한다는 것을 잘 알고 있었지만

시간 차가 얼마나 생기는지에 대해서는
잘못된 정보를 갖고 있었던 것이다.

정확한 계산으로는 밀러 행성의 시간이
지구의 시간보다 6만 1320배 늦게 흐른다.
즉 밀러 행성에서 1시간이 지구에서는 7년,
밀러 행성에서 2초가 지구에서 20시간과
같았다는 말이다.

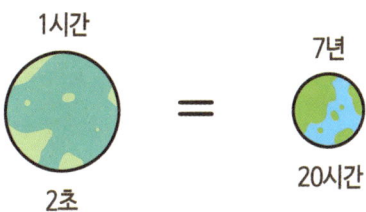

빛은 언제나 같은 속도를 유지한다.

변하는 것은 시공간이다.

가령 지구 밖에서 지구를 공전하는 인공위성의 시계는

지구에 있는 시계보다
더 빠르게 간다.

반대로
시공간의 늘어짐이
가장 심한
지구의 중심부는

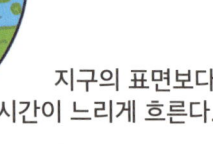

지구의 표면보다
시간이 느리게 흐른다.

그리고 지구보다
훨씬 큰 질량을 가진
태양의 심장부는

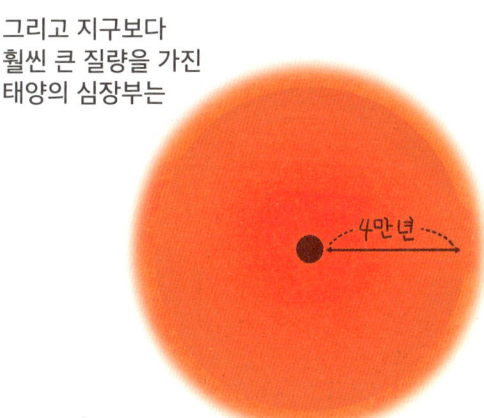

태양의 겉부분보다
무려 4만 년이나 어리다고 한다.

미래에 우주여행이 자유로워지는 날이 온다면

우리는 우주에서 약속 시간을 어떻게 정해야 할까?

강남역 여섯 시?

시간이란 환상이다.

신
: 신이 지금의 인간을 만든 과정

지금의 인간을 만든 것은 무엇일까?

불과 7만 년 전까지만 해도

인간은 지구의 생태계에서 조그마한 영역만을 차지한 채

다른 동물들과 어우러져 사는

한 종의 동물에 불과했다.

인간이
지구에 행사하는
영향력은

지금의
여느 동물들이
가하는 영향력과
별반 다를 것이
없었다.

그런데 어느 날

갑자기 인간은 세상을 지배하는 동물이 된다.

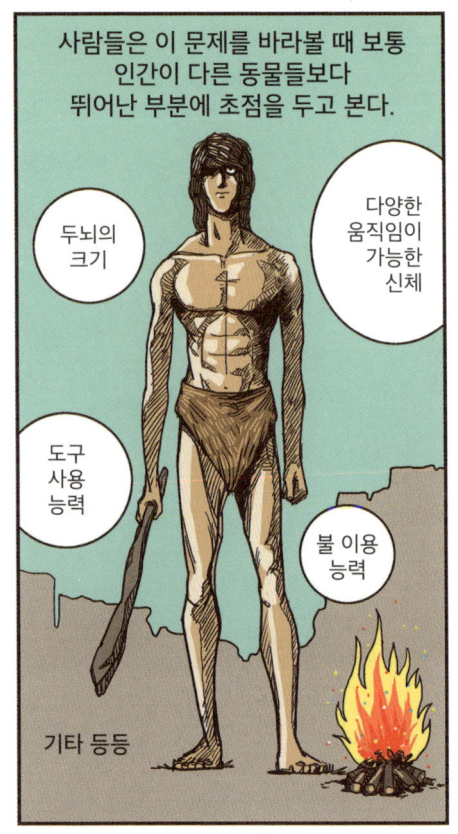

하지만 호모사피엔스의 두뇌는 20만 년 전에도
현재 우리의 두뇌와 별반 다르지 않았다.

오히려 인류는 그때 지금보다 더 큰 두뇌를 가지고 있었고
불은 150만 년 전부터

큰 두뇌로 생각을 짜내
섬세한 손가락으로 깎은
날카로운 돌을
자랑스럽게 손에 쥐고 있은들

온몸이 무기인 사자라도 만난다면
목숨을 부지하기 힘들었을 것이다.

동물의 세계에서 인간 개개인의 능력은
당황스러울 정도로 나약하다.

그런데도 인간은 어떻게 세상을
지배하는 존재로 거듭날 수 있었을까?

역사학자
유발 하라리는
그의 책
《사피엔스》에서

그 비밀을
한 조형물에서
찾고 있다.

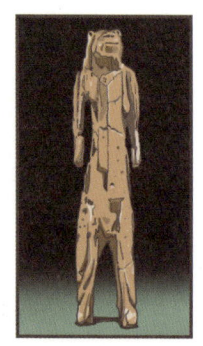

이 조형물은 3만 5천여 년 전에 만들어진
'사자인간'이라는 이름의 조각품으로
1939년 독일의 한 동굴에서 발견되었다.

특이한 것은, 머리는 사자인데

몸통 부분은 인간의 몸을
하고 있다는 점이다.

언뜻 보면 평범해 보일 수 있는 이 조각품은
인류의 엄청난 비밀을 담고 있다.

사자인간이 발견된 독일의 홀렌슈타인-슈타델 동굴

이 조각상에 담겨 있는 인류의 비밀은 바로,
호모사피엔스가 동물 역사상 최초로

보이지 않는 환상의 존재를 생각하기 시작했다는 것이다.

이 보이지 않는 존재를 믿는 능력이
인류를 세상의 지배자로 만들었다.

이게 무슨 말일까?

그는 재빨리 동료들에게 달려가

라고 말했을 것이고

그 메시지를 들은 호모사피엔스들은

산 너머에 사자가 있다는 것을 상상하기 시작했다.

그렇게 호모사피엔스는 보이지 않는 것도
믿을 수 있게 해주는 인지적 진화 과정을 거쳤을 것이다.

보이지 않는 것을 믿는 이 능력이 그토록 중요한 이유는
바로 이 능력이 가상의 신을 만들어내기 때문이다.

지금과 같은 의학적 지식이 없던 시절

도저히 이해할 수 없었던 미스터리한 일들은
모두 보이지 않는 곳에서 자연을 통제하는 환상의 존재,

즉 신 때문이라는
믿음을 갖게 되었다.

이 신이라는 존재는

혈연으로만 맺어졌던 호모사피엔스들을

피 한 방울 안 섞인 수많은 호모사피엔스까지
한 데 묶는 유례없는 대규모 공동체로 변화시키게 된다.

가족 공동체로 살아가던 호모사피엔스…
신의 출현은 그들의 모든 것을 바꾸어버렸다.

공통의 신 아래 서로 협력할 수 있는
연대감이 생긴다.

그렇게 해서
소규모의 집단을 이루고 살아가던 호모사피엔스들은
유례없이 강력한 대규모의 집단으로 발전해나간다.

그리고 이 논리는 현대인들에게도 똑같이 적용된다.

천주교 신자는 처음 보는 사람을 만나더라도
그 사람이 같은 천주교 신자라는 것을 알게 되면
그 사람에게 신뢰감과 친근감을 느낀다고 한다.

이것은 개신교 신자나 이슬람교 신자 등
다른 모든 종교에도 동일하게 적용되는 현상이다.

이 이론은
인지과학자이자 종교학자인
아라 노렌자얀의 저서
《거대한 신, 우리는 무엇을 믿는가》에 나오는
이론과도 일맥상통한다.
책에 나오는 내용은 이렇다.

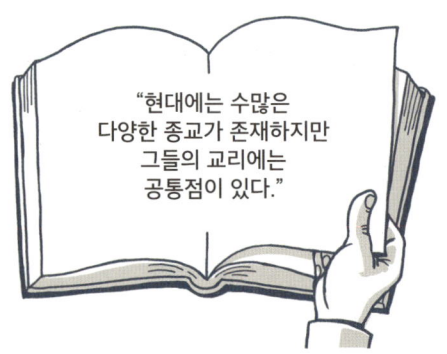

"현대에는 수많은
다양한 종교가 존재하지만
그들의 교리에는
공통점이 있다."

"나쁜 짓을 하면 벌을 받고 착한 일을 하면 상을 받는다."

바로 권선징악의 메시지를 담고 있다는 것.

그런데 역사적으로 존재했던 종교의 신들이
다 이렇게 도덕 선생님 역할을 한 건 아니다.

초기 종교들은 대부분
비를 내려주거나 맹수에게 물려 죽지 않도록
보호해주기를 기원하는 종교들이었다.

하지만 이 종교들 중에서 감시자의 역할까지 하는 신을
앞세운 종교들만이 번성해 살아남을 수 있었다.

서로가 서로를 잘 아는 사이가 아닐지라도
같은 신을 믿는다면

이제 수백 수천 명이 같이 협동할 수 있게 된 호모사피엔스들은,

맹수들이나

침팬지 같은 영장류까지 손쉽게 제압할 수 있게 되었다.

그러니 지금 우리 문명의 모습은
인간의 유전적 진화 덕분이라기보다

문화적 진화
즉 신의 탄생에서
비롯되었다고 할 수 있다.

호모사피엔스 외에도 침팬지 등 많은 영장류들은
공동체를 이루고 사는데 그 공동체의 규모는
두뇌 신피질의 부피와 상관관계를 이룬다고 한다.

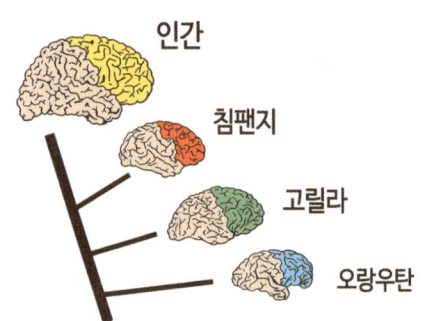

이것을 '던바의 숫자'라고 하는데 신피질의 부피에
함수를 넣어 계산을 해보면 침팬지는 생물학적으로
최대 120마리까지 한 공동체를 형성할 수 있고

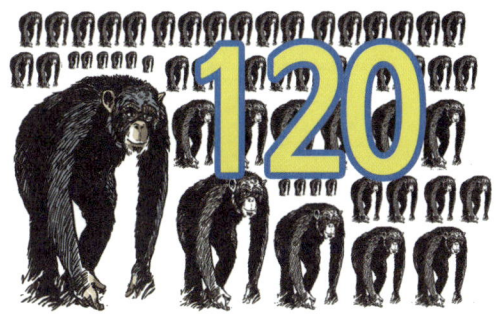

인간은 최대 150명까지
공동체를 이룰 수 있다는 답이 나온다.
이게 무슨 말인가 하면

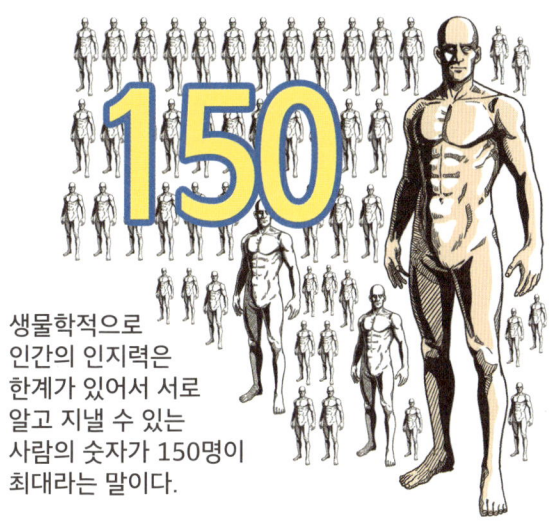

생물학적으로
인간의 인지력은
한계가 있어서 서로
알고 지낼 수 있는
사람의 숫자가 150명이
최대라는 말이다.

따라서 페이스북에 등록되어 있는 친구가
수천 수만이 되어도 150명이 넘어가면
어떤 사람이 어떤 사람과
어떠한 관계를 맺고 사는지
알지 못한다.

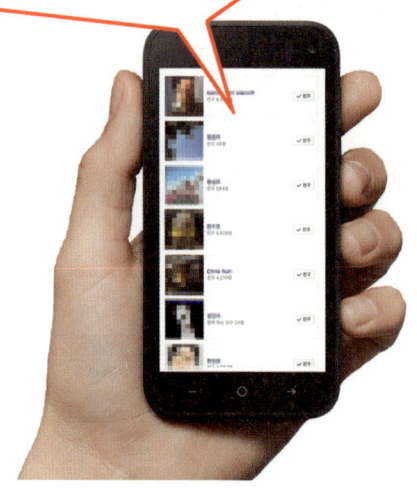

인류의 조상은
오랜 기간 혈연으로 맺은 소규모 공동체를 이루어왔고
두뇌도 그에 맞게 진화해왔기 때문이다.

그런데 이 생물학적 한계가
신이라는 존재로 인해 깨진 것이다.

결국 보이지 않는 것을 믿었던 인간은 세상을 지배하지만
보이는 것만 믿었던 다른 동물들은
철창 속에서 사는 신세로 전락해버린다.

이 차이가 바로 모든 동물들로부터
인간을 분리시킬 수 있었던 결정적인 차이였다.

그러니 신이
지금의 인간을 만든 것이 맞다.

그리고
그 신은

인간이 만든 것이다.

01 우유 : 건강에 좋다는 음식, 진짜 좋을까?

Karl Michaëlsson et al., "Milk intake and risk of mortality and fractures in women and men: cohort studies", 〈The British Medical Journal〉, 2014.10.28.

Musi Ji et al., "Comparison of naturally aging and D-galactose induced aging model in beagle dogs", 〈Experimental and Therapeutic Medicine〉, 2017.12.

Andrew Curry, "Archaeology: The milk revolution", 〈Nature〉, 2013.7.31.

Whitney P. Bowe et al., "Diet and acne", 〈Journal Of The American Academy Of Dermatology〉, 2010.3.25.

Dennis Thompson, "Is milk your friend or foe?", WebMD, 2014.10.29
http://www.webmd.com/osteoporosis/news/20141029/is-milk-your-friend-or-foe#1

Susanna C. Larsson et al., "Milk and lactose intakes and ovarian cancer risk in the Swedish Mammography Cohort", 〈The American Journal of Clinical Nutrition〉, 2004.11.1.

Dean M. Ornish et al., "Dietary trial in prostate cancer: Early experience and implications for clinical trial design", 〈Urology〉, 2001.4.1.

D. Malosse et al., "Correlation between milk and dairy product consumption and multiple sclerosis prevalence: a worldwide study", 〈Neuroepidemiology〉, 1992.11.

Amy Joy Lanou, "Should dairy be recommended as part of a healthy vegetarian diet? Counterpoint", 〈The American Journal of Clinical Nutrition〉, 2009.3.25.

02 운동 : 이제는 뇌를 위해 운동할 시간

Daniel Wolpert, "The real reason for brains ", TED, 2011.
https://www.ted.com/talks/daniel_wolpert_the_real_reason_for_brains

Maria A. I. Åberg et al., "Cardiovascular fitness is associated with cognition in young adulthood", 〈Proceedings of the National Academy of Sciences of the United States of America〉, 2009.12.8.

Stanley J. Colcombe et al., "Cardiovascular fitness, cortical plasticity, and aging", 〈Proceedings of the National Academy of Sciences of the United States of America〉, 2004.3.2.

Timothy B. Weng et al., "Differential effects of acute exercise on distinct aspects of executive function", 〈Medicine & Science in Sports & Exercise〉, 2015.7.

Jeffrey D. Labban, Jennifer L. Etnier, "Effects of acute exercise on long-term memory", 〈Research Quarterly for Exercise and Sport〉, 2011.12.

Lisa Weinberg et al., "A single bout of resistance exercise can enhance episodic memory performance", 〈Acta Psychologica〉, 2014.11.

B. Y. Tseng et al., "White matter integrity in physically fit older adults", 〈Neuroimage〉, 2014.11.15.

Stanley Colcombe, Arthur F. Kramer, "Fitness effects on the cognitive function of older adults: a meta-analytic study", 〈Psychological Science〉, 2003.3.

Hayley Guiney, Liana Machado, "Benefits of regular aerobic exercise for executive functioning in healthy populations", 〈Psychonomic Bulletin & Review〉, 2013.2.

03 게이 : 인류에게 동성애자가 필요했던 이유

D. H. Hamer et al., "A linkage between DNA markers on the X chromosome and male sexual orientation", 〈Science〉, 1993.7.16

Klára Bártová, Jaroslava V. Valentova, "Evolutionary perspective of same-sex sexuality: Homosexuality and homosociality revisited", 〈Anthropologie〉, 2012.1.

Ivanka Savic et al., "Brain response to putative pheromones in homosexual men", 〈Proceedings of the National Academy of Sciences of the United States of America〉, 2009.5.9.

Hans Berglund et al., "Brain response to putative pheromones in lesbian women" 〈Proceedings of the National Academy of Sciences of the United States of America〉, 2006.7.18.

Ivanka Savic, Per Lindström, "PET and MRI show differences in cerebral asymmetry and functional connectivity between homo- and heterosexual subjects", 〈Proceedings of the National Academy of Sciences of the United States of America〉, 2008.7.8.

A. Camperio-Ciani et al., "Evidence for maternally inherited factors favouring male homosexuality and promoting female fecundity", 〈Proceedings of the Royal Society B: Biological Sciences〉, 2004.11.7.

Francisco R. Gómez et al., "Recalled separation anxiety in childhood in istmo zapotec men, women, and Muxes", 〈Archives of Sexual Behavior〉, 2017.1.3.

Qazi Rahman et al., "Biosocial factors, sexual orientation and neurocognitive functioning", 〈Psychoneuroendocrinology〉, 2004.8.29.

Matan Shelomi, "How and why honey bees make the ultimate sacrifice when they sting you", 〈Forbes〉, 2015.11.16.

Melissa Hines et al., "Androgen and psychosexual development: core gender identity, sexual orientation and recalled childhood gender role behavior in women and men with congenital adrenal hyperplasia (CAH)", 〈The Journal of Sex Research〉, 2004.2.

찰스 다윈, 《종의 기원》, 장대익 옮김, 사이언스북스, 2019.

04 야옹 : 고양이가 인간에게 말을 걸 때

Carrie Arnold, "What are cats trying to tell us? Science will explain", National Geographic, 2016.3.28.
https://news.nationalgeographic.com/2016/03/160328-cats-communication-animals-pets-science/

"Why do cats meow?", Hill's, 2020.2.27
http://www.hillspet.co.uk/en-gb/cat-adult/why-do-cats-meow.html

Amy Flowers, "Cats and excessive meowing", Fetch by WebMD : Pet Health Center, 2019.5.20.
https://pets.webmd.com/cats/guide/cats-excessive-meowing#1

"Why Do Cats Miaow?", BBC, 2016.
https://www.youtube.com/watch?v=qeUM1WDoOGY

05 커피 : 피로를 풀어주는 20분의 과학

L. A. Reyner, J. A. Horne, "Suppression of sleepiness in drivers: combination of caffeine with a short nap", 〈Psychophysiology〉, 1997.11.

Mitsuo Hayashi et al., "The alerting effects of caffeine, bright light and face washing after a short daytime nap", 〈Clinical Neurophysiology〉, 2003.12.

Theresa E. Bjorness, Robert W. Greene, "Adenosine and sleep", 〈Current Neuropharmacology〉, 2009.9.

Zhi-Li Huang et al., "The role of adenosine in the regulation of sleep", 〈Current Topics in Medicinal Chemistry〉, 2011.

Sunni Haag Newton, "The effects of caffeine on cognitive fatigue", Georgia Institute of Technology, 2009.10.19.
https://smartech.gatech.edu/handle/1853/31799

06 SNS : 우리의 뇌에는 약간 위험한 스마트폰 생활

Christian Montag et al., "Facebook usage on smartphones and gray matter volume of the nucleus accumbens", 〈Behavioural Brain Research〉, 2017.6.30.

Fuchun Lin et al., "Abnormal White Matter Integrity in Adolescents with Internet Addiction Disorder: A Tract-Based Spatial Statistics Study", 〈Plos One〉, 2012.1.11.

"Does habitual Internet use affect our brain? Are both genders in danger?", Atlas of Science, 2015.10.13.
https://atlasofscience.org/does-habitual-internet-use-affect-our-brain-are-both-genders-in-danger/

Emma Henderson, "Phantom vibration syndrome: up to 90 per cent of people suffer phenomenon while mobile phone is in pocket", 〈Independent〉, 2016.1.10.

Yue Wang, "More people have cell phones than toilets, u.n. Study shows", 〈Time〉, 2013.3.25.

Daniel J. Siegel, 《Brainstorm: The Power and Purpose of the Teenage Brain》, Penguin Putnam, 2013.

대니얼 J. 시겔, 《마음의 발달》, 방희정 옮김, 하나의학사, 2018.

07 눈 : 사람의 눈에 숨겨진 놀라운 진화의 역사

WGBH Educational Foundation, "Evolution of the Eye", PBS, 2001.
http://www.pbs.org/wgbh/evolution/library/01/1/l_011_01.html

Dan-E. Nilsson, "Eye evolution and its functional basis", 〈Visual Neuroscience〉, 2013.3.

G. Halder et al., "New perspectives on eye evolution", 〈Current Opinion in Genetics & Development〉, 1995.5.

Russell D. Fernald, "The evolution of eyes", 〈Current Opinion in

Neurobiology〉, 2000.8.1.

찰스 다윈, 《종의 기원》, 장대익 옮김, 사이언스북스, 2019.

08 지구 : 창백한 푸른 점이 들려준 이야기

"The space race", History.com, 2010.2.22.
http://www.history.com/topics/space-race

Carl Sagan, "The pale blue dot : short recording", Library of Congress.
https://www.loc.gov/item/cosmos000110/

Yuri Gagarin, "The earth is blue", BBC News, 1998.3.30
http://news.bbc.co.uk/2/hi/science/nature/71662.stm

Neil Armstrong, "Quote : It suddenly struck me that that tiny pea…",
Goodreads.com.
https://www.goodreads.com/quotes/82469-it-suddenly-struck-me-
that-that-tiny-pea-pretty-and

"Voyager mission overview", California Institute of Technology.
https://voyager.jpl.nasa.gov/mission/

"How far away is the moon?", NASA Science : Space Place, 2019.9.30.
https://spaceplace.nasa.gov/moon-distance/en/

R. M. Batson, "Voyager 1 and 2 atlas of six saturnian satellites", NASA
Technical Reports Server, 1984.1.1
https://ntrs.nasa.gov/archive/nasa/casi.ntrs.nasa.gov/19840027171.pdf

Andrew J. Butrica, "Voyager: the grand tour of big science", The NASA
History Series, 1998.
https://history.nasa.gov/SP-4219/Chapter11.html

Carl Sagan, 《Pale Blue Dot: A Vision of the Human Future in Space》,
Ballantine Books, 1997.

칼 세이건, 《창백한 푸른 점》, 현정준 옮김, 사이언스북스, 2001.

09 먼지 : 공기 속에 퍼지는 인류 멸망의 전조

Christophe Walgraeve et al., "Oxygenated polycyclic aromatic hydrocarbons in atmospheric particulate matter: Molecular characterization and occurrence", 〈Atmospheric Environment〉, 2010.5.

Trifa M. Ahmed et al., "Native and oxygenated polycyclic aromatic hydrocarbons in ambient air particulate matter from the city of Sulaimaniyah in Iraq", 〈Atmospheric Environment〉, 2015.9.

Marilena Kampa, Elias Castanas "Human health effects of air pollution", 〈Environmental Pollution〉, 2008.1.

"7 million premature deaths annually linked to air pollution", WHO, 2014.3.25.
http://www.who.int/mediacentre/news/releases/2014/air-pollution/en/

Bryan Harris, Kang Buseong, "South Korea joins ranks of world's most polluted countries", 〈Financial Times〉, 2017.3.29.

10 유전자 : 여자는 왜 남자보다 오래 살까?

Joost van den Heuvel et al., "Disposable soma theory and the evolution of maternal effects on ageing", 〈Plos one〉, 2016.1.11.

David Gems, "Evolution of sesually dimorphic longevity in humans", 〈Aging〉, 2014.2.

Steven N. Austad, Kathleen E. Fischer, "Sex differences in lifespan", 〈Cell Metabolism〉, 2016.6.14.

T. T. Perls, R. C. Fretts, "The evolution of menopause and human life span", 〈Annals of Human Biology〉 2001.5-6.

민경진 외, "The lifespan of Korean eunuchs", 〈Current Biology〉, 2012.9.25.

Tom Kirkwood, 《Time of Our Lives: The Science of Human Aging》, Diane Pub Co, 1999.

Helen Briggs, "Biological clue to why women live longer than men", BBC News, 2013.5.15
https://www.bbc.com/news/health-22528388

Richard Alleyne, "Why women live longer than men", 〈The Telegraph〉, 2012.8.3.

Fluttershy, "Effects of castartation on the life expectancy of contemporary men", Lesswrong, 2015.8.8.
https://www.lesswrong.com/posts/2w9FEdFiMwnGLbAZf/effects-of-castration-on-the-life-expectancy-of-contemporary

조일준, "한국 여성 기대수명 세계 첫 90살 돌파… 남녀 모두 1위", 〈한겨레신문〉, 2017.2.22.

리처드 도킨스, 《이기적 유전자》, 홍영남, 이상임 옮김, 을유문화사, 2018.

11 텔로미어 : 바닷가재가 알려준 장수의 비밀

"Are telomeres the key to aging and cancer", Learn.Genetics : University of Utah GSLC.
https://learn.genetics.utah.edu/content/basics/telomeres/

Elizabeth H. Blackburn, "Structure and function of telomeres", 〈Natuer〉, 1991.4.18.

Paul D. Loprinzi et al., "Movement-based behaviors and leukocyte telomere length among US adults", 〈Medicine & Science in Sports & Exercise〉, 2015.11.

Andrew T. Ludlow et al., "Relationship between physical activity level, telomere length, and telomerase activity", 〈Medicine & Science in Sports & Exercise〉, 2008.10.

Larry A. Tucker, "Physical activity and telomere length in U.S. men and women: An NHANES investigation", 〈Preventive Medicine〉, 2017.7.

Todd Hollingshead, "High levels of exercise linked to nine years of less aging", Brigham Young University News, 2017.5.10.

https://news.byu.edu/news/high-levels-exercise-linked-nine-years-less-aging-cellular-level

Matthew M. Robinson et al., "Enhanced protein translation underlies improved metabolic and physical adaptations to different exercise training modes in young and old humans", 〈Clinical and Translational Report〉, 2017.3.7.

Lynn F. Cherkas et al., "Exercise could slow aging-molecular level data now in", 〈Archives of Internal Medicine〉, 2008.

12 스트레스 : 스트레스는 나쁘기만 한 것일까?

"Understanding the stress response", Harvard Health Publishing, 2011.3.
https://www.health.harvard.edu/staying-healthy/understanding-the-stress-response

"Stress: fight or flight response", Psychologist World.
https://www.psychologistworld.com/stress/fight-or-flight-response

Saul McLeod, "What is the stress response?", Simply Psychology, 2010.
https://www.simplypsychology.org/stress-biology.html

Abiola Keller et al., "Does the perception that stress affects health matter? The association with health and mortality", 〈Health psychology〉, 2012.9.

Raeanne C. Moore, et al., "Complex interplay between health and successful aging: role of perceived stress, resilience, and social support", 〈The American Journal of Geriatric Psychiatry〉, 2015.6.

Fatih Ozbay et al., "Social support and resilience to stress", 〈Psychiatry〉, 2007.5.

Mark D. Seery, et al. "Lifetime exposure to adversity predicts functional impairment and healthcare utilization among individuals with chronic back pain", 〈Pain〉, 2010.9.

Mark D. Seery et al., "Whatever does not kill us: cumulative lifetime adversity, vulnerability, and resilience", ⟨Journal of Personality and Social Psychology⟩, 2010.10.

Elizabeth D. Kirby et al., "Acute stress enhances adult rat hippocampal neurogenesis and activation of newborn neurons via secreted astrocytic FGF2", ⟨Elife⟩, 2013.4.16.

Kirstin Aschbacher et al., "Good stress, bad stress and oxidative stress: insights from anticipatory cortisol reactivity." ⟨Psychoneuroendocrinology⟩, 2014.9.1.

Alia J. Crum, Ellen J. Langer, "Mind-set matters: exercise and the placebo effect", ⟨Psychological Science⟩, 2007.2.

Mark P. Petticrew, Kelley Lee, "The 'father of stress' meets 'Big Tobacco': hans selye and the tobacco industry", ⟨American Journal of Public Health⟩, 2011.3.

13 시간 : 시간이 흐른다는 환상에 대하여

Kip Thorne et al., "Wormholes, time machines, and the weak energy condition", ⟨Physical Review Letters⟩, 1988.9.26

Craig Callender, "Is time an illusion?", ⟨Scientific American⟩, 2010.6.

Robert Lawrence Kuhn, "The illusion of time: What's real?", Space.com, 2015.7.6
https://www.space.com/29859-the-illusion-of-time.html

Adam Frank, "Here Is No Such Thing As Time", ⟨Popular Science⟩, 2012.9.19.

Richard Webb, "Metaphysics special: Is time an illusion?", ⟨New Scientist⟩, 2016.8.31.

Sean Martin, "Time is NOT real: Physicists show EVERYTHING happens at the same time", ⟨Daily Express⟩, 2020.2.18

Leonardo Vintini, "Is time an illusion?", ⟨The Epoch Times⟩, 2013.4.29.

14 신 : 신이 지금의 인간을 만든 과정

Klearhos K. Stamatoulakis, "Religiosity and prosociality", 〈Social and Behavioral Sciences〉, 2013.

Scott Atran, Jeremy Ginges, "Religious and sacred imperatives in human conflict", 〈Science〉, 2012.5.18.

Robin Dunbar, "Neocortex size as a constraint on group size in primates", 〈Journal of Human Evolution〉, 1992.6.

Robin Dunbar, 《Grooming, Gossip, and the Evolution of Language》, Harvard University Press, 1998.

Robert Axelrod, 《The Evolution of Cooperation》, Basic Books, 2006.

Jesse Bering, 《The Belief Instinct: The Psychology of Souls, Destiny, and the Meaning of Life》, W. W. Norton & Company, 2011.

Brian Fagan, 《The Long Summer: How Climate Changed Civilization》, Basic Books, 2004.

아라 노렌자얀, 《거대한 신, 우리는 무엇을 믿는가》, 홍지수 옮김, 김영사, 2016.

유발 하라리, 《사피엔스》, 조현욱 옮김, 김영사, 2015.

초판 1쇄 발행 2020년 9월 3일 초판 16쇄 발행 2024년 9월 30일

지은이 이재범
그린이 최준석
펴낸이 최순영

출판1 본부장 한수미
라이프 팀장 곽지희
본문디자인 손봄 김원경 이다혜 전소영

펴낸곳 ㈜위즈덤하우스 **출판등록** 2000년 5월 23일 제13-1071호
주소 서울특별시 마포구 양화로 19 합정오피스빌딩 17층
전화 02) 2179-5600 **홈페이지** www.wisdomhouse.co.kr

ISBN 979-11-90908-77-1 07400

* 이 책의 전부 또는 일부 내용을 재사용하려면 반드시 사전에 저작권자와
  ㈜위즈덤하우스의 동의를 받아야 합니다.
* 인쇄·제작 및 유통상의 파본 도서는 구입하신 서점에서 바꿔드립니다.
* 책값은 뒤표지에 있습니다.